貓邏輯
Cat Logic

亞洲第一位國際認證貓行為諮詢師，
教你用貓的邏輯思考，
就能輕鬆解決貓咪行為問題

林子軒——著

學習貓式思考，更接近她們的心！

「每個生命都有她獨特的需求。」

這是我從事貓咪行為專科醫師以來，深刻體悟到的一件事。尤其是貓咪，我們常忽視了這個善於隱忍，閉起眼睛就會浮現笑意的小東西，其實也有許多想對我們透露的事情。

在目前台灣居家寵物貓數量提升的同時，貓咪在人類家庭中的地位越來越像是家中核心成員，而非單純的寵物。也因為如此，貓咪行為問題所受到的重視程度較以往有大幅的提升。

以我的臨床經驗來說，貓咪的行為問題有絕大的比例都是出自於「環境」及「人為因素」，僅有少部分是先天品種特性及疾病所導致。例如臨床最常見的貓咪排泄行為問題，問題癥結點多半是出自於飼主挑選貓砂盆及貓砂時，僅以商品的售價、外觀、網路評比、自身觀感等，做為選擇的依據，卻未考量到貓咪的實際使用習慣及需求，以至於買了凝結力強、好清理，但貓咪卻不愛使用的貓砂，或是挑選了看似隱密、造型討喜，但貓咪幾乎不曾進去使用的貓砂盆等。

未妥善處理的貓咪行為問題，就像陷入一個惡性循環的圈，貓咪嚴重影響飼主的生活品質，飼主也以負面情緒及行為來面對貓咪，最終造成不自覺的虐待，讓人貓關係極為惡劣。

反之，嘗試以貓咪的角度來看看她一整天、甚至是一輩子都要居住生活的環境，試著以她的邏輯來看看她所做的每一件事情，你會發現，她要求的不多，而她最努力在嘗試的，就是如何融化你的心。

這本書能順利完成，要好好感謝我的編輯——玲宜及野人文化裡認真努力的工作夥伴們，讓我學會用更多面向的角度來看待事情，將貓咪行為科學用更廣泛、淺顯的方式傳達給讀者。

再者要感謝的是我的母親及太太，不論是在外或在內，皆給予我許多的支持鼓勵，讓我能無後顧之憂地朝自己想走的道路大步邁進，並對自己的工作充滿自信及熱情，成為更好的獸醫師。

最後，我要感謝上天讓我在人生中遇見這隻極為聰明、獨特的貓男孩——「橘小橘」，讓我學會放下人類的主觀意識，改用另一個角度去學習成長，幫助到更多的貓咪。

謝謝各位讀者的購買，這本書是獻給愛貓的你們！

林子軒

<推薦序>

減少誤會，與愛貓相處零距離

「貓！！！」

是我覺得用來形容貓咪尖叫的聲音，最為接近的發音。尤其是住在「緊張的要命王國」的貓咪們尤其如此。不同於狗兒的喜怒哀樂形於色，貓咪的情緒總是讓人摸不著頭緒。

在進步飛速的小動物獸醫學中，早已經將貓咪視為一種完全獨立的學門，完全不同於狗兒。對貓咪的了解越深，就有越多的疑惑出現，尤其是關於「貓的行為問題」。行為問題是一種表象，通常代表著是貓的焦慮與緊迫。對於才與人類相處大概六千年左右的「野生動物」來說，住在人類的家裡，可是一件得充分做好心理準備的事呢！亦因如此，貓咪的行為表現與問題行為，才會如此重要。

在貓咪診療的門診中，有些時候會發現來看診的貓咪，大腿內側禿毛或是無毛，曾有飼主充滿疑惑地問我：「醫生，為什麼我的貓咪不喜歡穿褲子呢？總是要把大腿內側的毛舔光光，看起來好像沒有穿褲子啊！」又或者有的貓咪會在貓砂盆以外的各種地方排尿、噴尿，甚至是便溺。這些問題，都是飼主們在養貓之前未能料想到的。也因如此，「貓咪行為問題」總是困擾著貓飼主與獸醫們。更甚者，有些飼主因為對貓咪行為的不夠了解，甚至產生誤會，形成不適當的打罵與對待，造成無辜的貓咪們承受不必要的傷害。

　　《貓邏輯》這本書，正是帶領大家學習貓咪行為與了解行為問題的指引，以科學的角度帶我們逐步認識來自「緊張的要命王國」的貓咪，唯有以貓咪的邏輯來與她們相處，才有辦法解開這些謎團。如果現在你正遇到了與家中貓咪相處的衝突，或是發生了讓人無法理解的奇怪行徑，不如先翻開《貓邏輯》，一步步了解貓咪的小腦袋瓜在想什麼，或許就能得到你想要的答案了。

杜瑪動物醫院院長　鍾昇樺

Chapter 1　第一步，從貓的角度看世界——搞懂貓天性、表情、肢體語言

Chapter 2　打造讓愛貓無壓力的生活環境——依據貓天性，配置貓砂盆、貓跳台、抓柱

Chapter 1

第一步，
從貓的角度看世界
搞懂貓天性、表情、肢體語言

貓咪是一種充滿野性的動物，她不像狗狗一樣可以馴服，但學習能力極強的貓咪，只要經由適當的訓練與互動式溝通，就能有效改善生活中遇到的各種貓咪行為問題，但首先，請先了解貓咪們的原始天性與各種可愛的表情、肢體動作到底在說些什麼呢？

　　曾經有位飼主帶了一隻非常漂亮、溫馴的金吉拉貓到動物醫院來，貓咪並沒有生病，但身上結滿了一團團的毛球，飼主光靠梳子梳不開，就帶來動物醫院請醫生幫忙。當我正拿著推剪跟剪刀一一把毛球去除，並教導飼主如何替長毛貓進行日常梳理時，那位飼主怯生生地問了一句：「醫生，這隻貓咪送給您養好嗎？」我聽到後非常驚訝。飼主接著說，雖然他很喜歡貓咪，但沒想到養了貓之後，不只家中貓毛滿天飛，更造成全家人嚴重過敏，因此只能將貓咪關在儲藏間內避免與他人接觸。

　　看著眼前這隻美麗、優雅的小東西，雖長期被當成一件不合宜的家具收起來，但她仍不願錯過任何與人接觸的機會，甚至不時對著我這個身陌生人撒嬌。我心中萬般不捨，但因為工作關係僅能婉拒飼主，並承諾會盡量協尋適合的領養人。

　　待飼主離開後，我不禁想像除了眼前這個案例，還有多少貓咪因為好動、過於膽小、年齡、性別等各種緣故遭受虐待、丟棄，甚至死亡？

註：本書中提到的貓咪不分性別，都將以「她」來代表。

▎貓醫生的病歷簿

- **徵狀**　飼主全家都會過敏，只好把貓咪關起來。
- **問題**　飼主領養貓咪前，沒有事先了解養貓可能面對的問題及責任，導致貓咪被不當對待。
- **處方**　養貓前記得先做功課，評估個人經濟狀況或生活環境是否允許。如果養了才發現不適合，請務必負責找到合適的領養人。

五步驟輕鬆判斷！
帶你尋找命定的那隻貓

　　請試著回想一下，最要好的朋友符合自己哪些擇友條件呢？是單純因為對方的外貌？年紀？還是交心與否？價值觀跟想法是否相似？

　　選擇朋友與選擇貓咪很類似，雖目前許多認養團體都有設定判斷飼主是否適任的「觀察期」，也有寵物業者提供所謂的「更換服務」，但貓咪不是衣服、鞋子，不可隨意更換、丟棄，決定要養貓前，若能事先仔細確認自己的需求，就能成功找到最適合自己的貓，避免發生前面案例中的遺憾。

　　貓咪對於環境及飼主的依賴性比大家想像的還高，過度頻繁地更換，只會讓貓咪難以在環境中建立自信及對人的信任；每隻貓咪都是不同的個體，隨著品種、年齡、性別、個性、健康狀況的不同，需求也都不同，因此如何挑選一隻適合自己的貓，絕不單單只是看外表或是年齡而已。

　　若想養貓卻不知該如何挑選理想的貓？請先閉上眼睛想像一下，撇開貓咪的外觀，你心中理想的貓咪是活潑好動，還是文靜內向？希望能像狗兒一樣跟你玩耍，還是靜靜地躺在身旁陪伴你呢？

　　預想好答案後，再分別從貓咪的年齡、性別、外觀等來逐一思考，找到自己心目中完美的貓咪。

Step 1
挑年齡：
幼貓萌？成貓乖？

貓 醫生這麼說

幼貓並不適合第一次養貓的新手飼主，若是第一次養貓，那麼我會推薦飼養成貓。成貓除了好照顧、行為及個性穩定之外，另一個現實的問題是成貓的認養率遠低於幼貓；多數成貓在收容所或是繁養殖業者的籠內終老。當你想找一隻貓咪陪伴時，請優先給成貓一個享受人類疼愛的機會。

在思考養幼貓或成貓之前，必須先評估自己在家中的時間長短及工作性質，再決定是否有足夠時間及能力照顧幼貓或成貓。

幼貓特點

- 一歲齡以下，非常可愛，但行為及生理發育尚未健全，需要飼主花較多時間從旁照顧、監督，以防發生不測。
- 一天至少要吃四～六餐。
- 幼貓可能有潛在性的疾病無法立刻得知。

成貓特點

- 一歲齡以上，行為與生理發育都已穩定，不需花太長時間陪伴。
- 通常都已學會如何使用貓抓板、貓砂盆，飼主可省去較多時間來訓練。
- 相當適合初次養貓的新手。

成貓的行為及生理發育已經穩定，不太需要飼主時時陪伴在身旁。且可藉由簡單的互動了解成貓的個性是膽小怕生，抑或熱情、喜愛與人接觸？若家中環境單調、長時間沒人在家，活潑好動的貓咪可能會有分離焦慮的問題；反之，若家中成員多且複雜，則容易造成膽小的貓咪心生恐懼，而引發相關行為問題。

幼貓需要透過母貓、同儕或是飼主的協助來學習如何使用貓砂盆、貓抓板，並經歷社會化的階段。若是認養幼貓，建議至少等貓咪三月齡過後，再離開母貓及同儕會比較好，或是可視狀況一次認養兩隻同窩幼貓，作為互相學習成長的對象。

　　雖有部分成貓因幼年時期缺乏與人或其他動物互動，導致貓咪個性膽小怕生、不易親近人，但仍可透過飼主耐心地互動與陪伴來獲得改善。除此之外，多數成貓皆已學會如何使用貓抓板、貓砂盆。

　　幼貓有不少潛在性的疾病及行為問題是無法透過初步檢診就立即得知的；相對來說，成貓的生理及行為皆已成熟，若有相關問題，也可以在飼養前做好準備，而非等貓咪長大後才不知所措，苦不堪言。

Step 2
挑性別：
貓男孩？貓女孩？

飼主 Slayer Chen/ 貓咪 Kevin

　　雖然每隻貓都有個體及個性上的差異，但整體而言，公貓的個性多偏向活潑、好動、黏人；母貓則是偏內向、安靜、沉穩。

　　貓咪若沒有接受絕育手術，其行為就很容易受到荷爾蒙的影響，例如未絕育的公貓地盤性強，容易發生攻擊、噴尿的行為問題；母貓除了有發情的行為，還有極高的機率罹患卵巢囊腫及子宮蓄膿等疾病。因此，若沒有讓貓咪生育的計畫，建議讓貓咪進行絕育手術。

©Austin White / @flickr

飼主陳欣岑
貓咪黑底虎斑：虎吉 / 白底虎斑：Hoya

Step 3
挑外觀：
長毛貓？短毛貓？

　　貓毛依長短可區分為長毛（如波斯貓）、半長毛（如緬因貓、挪威森林貓、布偶貓等）以及短毛（如阿比西尼亞貓、美國短毛貓、暹羅貓等）。除了無毛貓（如斯芬克斯貓）之外，只要體表有毛的貓咪都會依季節掉毛、換毛，貓毛越長的貓咪越明顯。

長毛貓需要飼主每天梳理照顧，疏於梳理的長毛除了容易結毛球、影響皮膚健康之外，更可能成為體外寄生蟲（如跳蚤）的溫床。相較於短毛貓，長毛貓偶爾會因為肛門周圍的毛太長，導致排便時沾到排泄物。長毛貓跟短毛貓都會「吐毛球」，但比起短毛貓，長毛貓更需要頻繁地餵食化毛膏、化毛食品，並規律地幫貓咪梳理，避免貓咪在自我理毛的過程中，吞下過多毛髮。

Step 4
挑品種：
純種貓？米克斯？

基於優生學的概念，通常米克斯（混種貓）帶有遺傳性疾病及行為問題的比例較純種貓少。因此，若沒有特定的喜好，我會優先推薦大家飼養米克斯。

若你喜歡某些貓咪的外觀，例如全身無毛、貌似外星人的斯芬克斯無毛貓；或是被稱為「溫柔的巨漢」、體型比一般家貓大的緬因貓等，我會建議大家選擇來源合法的純種貓。

不過，特定品種的貓咪需要特定的飼養及照顧方法，每個品種都不同，例如扁臉波斯貓容易因鼻淚管阻塞，導致淚眼汪汪，且長毛也容易打結，需要每日規律地清潔及梳理。

現在有許多特定品種的貓咪組織及書籍，在決定飼養純種貓以前，可先透過這些組織或書籍了解純種貓的照顧方式及日常所需；在飼養前先做足功課是飼養純種貓必備的條件。

Step 5
挑臉型：
方臉？圓臉？三角臉？

　　若大家有接觸過各式各樣的貓咪，就會發現有些貓咪真的是「相由心生」。這方面雖然沒有科學根據，但是依據品種遺傳所分化的特性來看，也不無道理。曾有人提出的「貓咪面相學」，雖然不是絕對精準，但仍可做為大家領養貓咪時的參考：

● **方臉**貓咪的特徵是有稜有角的大臉，搭配近似長方形的軀體，代表貓咪是緬因貓。方臉貓咪可說是「貓咪界的獵犬」，她們的個性通常很熱情、黏人，跟飼主關係親暱，平常除了愛用頭部頂人外，更喜愛依偎在人身旁。

● **圓臉**貓咪則擁有一張扁臉，搭配一對大眼睛及圓滾滾的身材，波斯貓及緬甸貓是其代表。圓臉貓咪是「貓咪界的玩賞犬」。她們的個性大多慵懶、內向、易受驚嚇，但對於信任的人通常會展現出溫柔、可人的一面。

● **三角臉**的貓咪通常有狹窄的臉蛋、大耳朵及修長的外型，例如暹羅貓、柯妮絲捲毛貓及阿比西尼亞貓。三角臉貓咪就像是「貓咪界的牧羊犬」，聰穎、喜好、探險好奇心旺盛，熱愛運動追逐，屬於非常活潑的貓咪。

貓主人的家庭作業

1. 檢視家中的環境及自己的生活作息，找出自己適合什麼樣個性的貓。
2. 米克斯的遺傳疾病及行為問題都較少，可以優先考慮領養米克斯。
3. 您適合養幼貓嗎？給成貓一個機會，帶她回家疼愛她吧！

Q2　貓咪看起來好寂寞，要多養一隻陪她嗎？

　　柚柚是家裡唯一的貓咪，雖然有些年紀了，身上亮麗的毛色卻絲毫不減，讓人看不出年紀來。柚柚每天的例行工作就是目送飼主出門上班，再跑到窗邊看看樹上的鳥兒，並在家裡稍作巡邏。到了下午時刻，柚柚習慣在睡午覺前，先跑到主人的魚缸旁東瞧瞧、西瞧瞧，再跳上衣櫃的頂端呼呼大睡。直到傍晚，飼主開啟家門時，柚柚會第一時間衝到門口，開心地迎接飼主回來……。

　　不久，飼主帶了一隻體態碩壯、充滿活力的年輕貓咪回家，似乎是希望讓柚柚在家裡有個伴。雖然那隻貓咪並沒有對柚柚表現出任何攻擊或是威嚇的行為，但柚柚的行為模式卻漸漸開始改變。例如柚柚開始長時間躲在房間內，不喜歡出來閒逛，也不再翻肚躺在地上呼呼大睡；而原先柚柚常待的衣櫃頂端，也成了另隻貓咪的休憩場所。此外，柚柚只要沒人注意，就會反覆舔舐自己的毛髮，甚至將肚皮及大腿舔到光禿禿，看起來狼狽邋遢，好像在短時間內衰老了許多……

▌ 貓醫生的病歷簿

- **徵狀**　長時間在外工作的飼主擔心貓咪獨自在家中會太無聊。
- **問題**　不確定貓咪是否適合與其他貓咪相處。
- **處方**　確實評估家中環境，並了解貓咪的需求，再決定是否要新添貓咪。

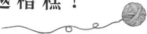

以貓治貓？
小心越治越糟糕！

　　貓飼主們常面臨一個有趣的現象，就是貓咪在不知不覺中越養越多。起因多半是擔心貓咪在家獨處太過孤單，或是有網友建議再養一隻可以解決貓咪喜歡攻擊人的問題，卻沒想到「以貓治貓」的方法風險太高！若想像前面案例中飼主一樣收編新貓，記得先自我評估一下。

適合養新貓的情況：

貓醫生這麼說

若符合這些條件，再多養一隻貓咪是不錯的選擇。不只可以互相陪伴，有時也能促使原本不愛活動的貓咪去遊戲、運動，減少過度肥胖的情形。

1. 飼主長時間在外工作。
2. 貓咪個性活潑好動，飼主卻因工作、體況等因無法陪伴貓咪遊玩。
3. 貓咪因為無聊導致懶散、缺乏運動而過度肥胖。
4. 家中貓咪因長時間獨處而導致焦慮、過度舔舐自己，或常常對著門及窗外嚎叫。

不適合養新貓的情況：

貓醫生這麼說

這些情況下，新進的貓咪不只無法讓傷心的貓咪獲得慰藉，反而會讓舊貓備感威脅，導致行為問題更加嚴重。

1. 家中貓咪年老、生病，或是有焦慮、緊迫等行為問題。
2. 貓咪剛失去夥伴（或其他家庭成員）而產生焦慮、亂排泄等的問題。

若是貓咪不請自來
該怎麼辦？

　　有時像是緣分到了，看著屋外那隻貓咪，不時擔心她的安危，終於在你鼓起勇氣，想讓她成為家中的一分子之前，我有幾項建議：

1. 檢查貓咪身上是否有頸圈及聯絡資訊，若沒有，請帶貓咪到附近的動物醫院掃瞄身上是否有植入寵物登記晶片，以便初步確認貓咪是否走失。

2. 若確定沒有任何聯絡資訊，在將貓咪帶回家之前，應該讓貓咪進行健康檢查以確認健康狀態，並了解貓咪是否帶有疾病、寄生蟲等問題。

　　一般而言，並非所有在野外生活的貓咪都可以立即適應居家生活，但原因略有不同，大致可分成兩種：

1. 出生於戶外的野貓，幼年時期缺乏與人長時間互動的經驗，社會化較不完全。**這類型的貓咪大多怕人，不易與人親近，需要飼主耐心協助來建立對人及環境的信任感。**一般來說，野貓

並不適合初次養貓的新手，但您仍可透過專業人士協助這隻貓咪。

2. 可能曾經是家貓或是幼年時期有人餵養的流浪貓。流浪貓與人接觸互動的經驗較野貓多，社會化也較完全。**流浪貓的個性大多親人，樂於與人互動，因此較適合一般想養貓的人。**

　　若住家附近的貓咪數量太多，家中情況也不適合帶回家養，建議透過 TNR（Trap Neuter Return 縮寫，意指誘捕、絕育、放回原地）的方式幫助這些貓咪。不只可解決流浪動物一再生育所造成的問題，此外，已絕育的貓咪不會有發情導致的攻擊、嚎叫等行為，更可避免生殖系統的疾病。

貓主人的家庭作業

1. 評估自己與貓咪的情況，是否能再接納另一隻貓加入？
2. 若要抱街上可愛的貓咪回家養，請先確認不是走失的貓咪，並請獸醫檢查是否有寄生蟲等疾病。
3. 若是無法領養更多貓咪，可透過 TNR 幫助流浪貓咪。

Q3 新舊貓初相見，
如何營造完美第一印象？

漫漫是在飼主家裡出生的小貓，阿比則是一歲過後才進家門的貓咪。原先飼主想讓兩隻貓彼此有個伴，但沒想到阿比跟漫漫極度不合，雙方只要一見面便大打出手。因此，飼主讓阿比單獨住在客房，而漫漫則住在兩人的臥室，避免雙方見面。但沒想到的是，雖然兩隻貓咪維持在沒有見面的情況，但飼主發現只要身上的衣物沾有漫漫的氣味，阿比聞到後就會極度不悅，甚至是在房間裡面隨處噴尿。

這讓飼主變成只能在洗澡，或是換過衣服的情況下才能跟阿比互動，若情急的話，就要請家裡其他人去觀看阿比的情況。更讓人苦惱的是，由於阿比極為黏人，喜愛與人互動，當家裡沒有人時（或是飼主在其他房間時），阿比便會持續地放聲大叫，不只飼主聽了心煩意亂，更讓周邊鄰居抗議連連……

▎貓醫生的病歷簿

- **徵狀** 新舊貓見面大打出手，飼主成了夾心餅乾好苦惱。
- **問題** 新舊貓對家中的地盤各有見解，並將對方視為競爭者。
- **處方** 透過適時的獎勵及增加居住環境的資源，讓貓咪放下對彼此的成見。

這裡的味道好陌生，
還有其他貓咪在，
我不敢在別人家的地盤
上吃東西，也不敢用
別人的貓砂盆……

新貓都躲起來
不吃不喝，
讓人好擔心，
該如何是好？

滿足新貓、舊貓所需，跨出友善的第一步

大家可以假設有兩組（或以上）人馬在一座無人島上插旗標示所有權時，會發生什麼情況？雙方有可能大打出手，各自都想獨占全島資源；也有可能妥協談判，各自擁有部分土地。居住在家中的貓咪們就是這種情形，只是貓咪不需插旗，而是透過氣味來標記物品及地盤。若飼主出其不意地讓新貓直接進入舊貓的地盤，通常只會讓新、舊貓將彼此視為「入侵者」及「競爭者」，進而引發雙貓打架、攻擊等行為問題。

貓咪新家報到
如何輕鬆又自在？

Point 1

新貓盡量在週末或飼主休假時帶回家。這樣才有充裕的時間好好觀察新貓，並在第一時間處理貓咪可能潛藏的疾病或行為問題。

Point 2

剛開始不要讓新、舊貓直接見面。讓新貓隨著提籠一起待在事先準備好的獨立房間內，把提籠的門打開，並另備獨立的食物、水、貓砂盆及貓抓板等，避免新貓侵犯舊貓的地盤。

Point 3

不要強行把新貓從籠內抱出來安撫。過多不必要的接觸不僅無法安慰新貓，反而會讓新貓感到焦慮及恐懼。讓新貓待在提籠內安心躲藏，或者也可以在房內擺放一些可供躲藏的紙箱。

Point 4

自然地與新貓相處，透過愉快、輕柔的語調跟新貓說話。並搭配使用費洛蒙及播放輕柔的古典樂，或是在籠子前擺一些零食、玩具跟貓抓板，讓貓咪自己決定什麼時候要出來。通常貓咪不再躲藏、開始探索周邊環境的時間不等，數天至數週都有，視貓咪的個性及年齡而定。

喵知識

輕觸鼻子跟貓咪說嗨！

紐西蘭的原住民毛利人，打招呼的方式是輕觸對方的鼻子兩次以交換鼻息；這個動作跟貓咪之間打招呼的方式非常相似。

貓咪透過互觸鼻子來嗅聞對方的氣味，加深對彼此的認識。但千萬不要急著把貓咪架起來，強用自己的鼻子接近她，因為人類龐大的臉龐及殷切的眼神只會嚇到貓咪，甚至可能賞你一個帶爪的貓巴掌。

因此，我要跟大家分享一個較緩和的替代方式。首先蹲坐在貓咪身旁，將手輕輕握拳，同時食指捲曲並稍微突起，讓整隻手的外型看起來像貓咪的鼻吻部，然後緩緩靠近貓咪，切忌動作太大、太快，也不要從上而下靠近，手應該從貓咪的臉側緩緩靠近，避免讓貓咪產生壓迫感。若貓咪輕觸你的手並嗅了幾下，就是在跟你打招呼囉！大家學會了嗎？快用手跟貓咪說哈囉！

顧好舊貓的感受，
新貓免遭殃

Point 1

網路上有些網友常說舊貓會吃新貓的醋，所以家裡有新貓時就應該花更多時間安撫舊貓。其實這個說法只對了一半，因為貓咪的邏輯裡並沒有「吃醋」的概念；身為狩獵者，貓咪非常仰賴生活上的「習慣」及「規律」。因此，**若以往飼主回到家都是先抱抱貓咪、準備貓咪的食物，那麼當家裡有新進貓咪時，飼主仍應維持這些方式及習慣，才不會讓舊貓適應不良。**

Point 2

若舊貓隔著門對新貓哈氣、嚎叫，請勿處罰舊貓，那都是屬於貓咪想保衛地盤的正常行為，飼主可利用遊戲、零食等，轉移舊貓對新貓的注意力。

飼主 Wanyin Po／貓咪 Parker、Melody、牛牛

　　想要兩隻貓和平相處，除了上前面提到的事前準備之外，**第一次雙貓碰面前，還可以透過「襪子戲法」讓新舊貓熟悉對方的氣味。**

➡ **Step1**　　首先，飼主準備一雙乾淨的襪子，將其中一隻襪子套在手上，去撫摸新貓的下顎、臉頰、額頭、側身等腺體分布處；另一隻襪子則去撫摸舊貓的腺體分布處，之後將撫摸過新貓的襪子交給舊貓，舊貓的襪子則給新貓。若貓咪只是嗅聞而不攻擊襪子，則給予獎勵。襪子戲法可重複多次，只需準備數雙乾淨的襪子來替換。

➡ **Step2**　若舊貓對沾了新貓氣味的襪子不具攻擊性，也不再好奇，就可以讓新貓到處逛逛，並將舊貓暫時隔離在其他房間吃飯、睡覺、玩遊戲，讓新貓有機會將身上的氣味留在其他房間，舊貓便可逐漸熟悉新貓的氣味出現在其他地點。

➡ **Step3**　待舊貓對新貓的氣味不再表現出焦慮、憤怒的模樣時，就可以讓兩隻貓咪見面囉！記住，**雙貓初次見面講求「短暫」、「溫馨」的原則**，最簡單的方式就是讓新、舊貓保持一段距離，可以看到對方，但無法接觸彼此，然後餵貓咪吃東西或玩遊戲。此時可請家中成員協助，一人負責一隻貓，若兩隻貓態度自然，就可以逐次拉近彼此吃飯、玩遊戲的距離；反之，若其中一隻貓因為距離拉近而表現出不悅、威嚇或攻擊行為，則須重新將雙貓的距離拉遠。

飼主布蘭達 / 貓咪豆豆、麻吉

➡ Step4 若雙貓每次見面都劍拔弩張，或是家中只有你一人，此時可在房門口設置幼兒安全柵欄來隔開雙貓（若柵欄高度太低，可自行加上紙板增加高度），讓雙貓在看得見彼此，卻無法攻擊對方的前提下會面。

➡ Step5 在新舊貓咪彼此熟悉的過程中，**務必讓新貓有獨立的食物及貓砂盆，並確保新貓吃喝拉撒的活動路線不會「侵犯」舊貓的地盤。**若家中只有一個窗台或貓跳台，則容易引發貓咪為了爭奪地盤而打架，所以需要增加家中的垂直空間，最簡單的做法就是增設貓跳台的層級。

貓主人的家庭作業

1. 準備好獨立的房間及生活用品給新的貓咪，並確保活動路線不會重疊。
2. 先用乾淨襪子摩擦新貓的身體，並給舊貓聞，舊貓不會攻擊襪子時才能讓雙貓見面。
3. 如果舊貓會攻擊襪子，則須將雙貓隔離，只能在看得到、碰不到的情況下見面。

Q4 新舊貓咪化身古惑仔，
飼主夾在中間怎麼辦？

小花是隻優雅、安靜、好脾氣的三歲母貓，平常飼主安娜外出上班時，小花除了睡覺，就是喜歡蹲在家中窗台邊看看風景，等晚上安娜回家後，就會窩在她的腿上打盹，靜靜地陪安娜看電視。

某一天，家中突然多了股小花從未聞過的貓咪氣味，這股味道不只覆蓋在安娜身上，更是逐漸擴散於家中各個角落。原來是安娜新養了一隻貓咪。小花本著貓咪的天性，意識到這些氣味會占據她辛苦建立的地盤，於是那隻優雅、安靜、好脾氣的貓咪好像從此消失了一般，小花成了一隻讓人害怕的貓咪，她不再窩在安娜腿上打盹，而是不斷嘗試攻擊家中的人及貓咪，連飼主安娜都無法倖免。

家裡像是上演第三次世界大戰一樣，不時充斥著貓咪淒厲的叫囂聲及濃濃的尿騷味，不只貓咪常因為打架送醫治療，安娜自己更是常常掛彩，原本寧靜的生活頓時陷入一片混亂，不知如何是好？

▌貓醫生的病歷簿

- **徵狀** 自從家裡來了新貓咪，小花性格大變，出現攻擊行為及排泄行為問題。

- **問題** 貓咪會本能地守護自己的地盤，安娜貿然帶回新的貓咪，引發小花一連串的失控反應。

- **處方** 先隔離兩隻貓咪，再透過 P.32，5 個重點讓兩隻貓咪化敵為友。

很多人都跟我說讓
兩隻貓打打架是正常的,
打久了就會彼此熟悉,
可是打到連我這個
和事佬都掛彩了。

家裡多了隻貓跟我搶地盤,
還占據我的主人,
氣死了!一定要揍她一頓!

到底貓咪是在打架
還是在玩遊戲？

正常情況下，貓咪間的互動遊戲不外乎就是「模擬狩獵遊戲」，藉由輪流扮演「狩獵者」及「獵物」的角色來強化狩獵技巧。狩獵者會表現出攻擊的狀態，獵物則呈現防守姿勢；反之，**若過程中有貓咪單方面持續呈現攻擊狀態，另一方則處於被攻擊，且不時發出嚎叫、哈氣等具威脅及恐懼的聲音，就是兩隻貓咪真的在打架**，並非在玩遊戲了。案例中，小花和新貓之間就很明顯是屬於打架，而非遊戲。

新、舊貓之間最常為了爭奪家中的資源而打架，若是飼養兩隻貓以上，就要確保每隻貓都擁有專屬的、不需跟其他貓共用的食物、水及貓砂盆，其中貓砂盆數量則應該比家中貓咪數量多一個（詳細說明可參考 p.72）。

掌握 5 重點，讓新
舊貓咪一笑泯恩仇

🐭 Point 1　確保每隻貓咪都有自己的專屬用品

貓咪有類似階級的概念，階級的高低與貓咪的健康狀況、年紀、性別、社會化程度等有關，雖然有時強勢的貓不願意使用沾有其他貓咪氣味的睡窩、貓跳台等物品，但也有不少弱勢貓咪會害怕強勢的貓咪而不敢靠近吃飯、如廁的地方，進而影響生理健康。因此，增加貓砂盆、碗盤的數量，或是增加貓跳台的層級，都可以讓多貓家庭中較膽小、弱勢的貓咪不需冒著被攻擊的風險去使用。

Point 2　藉由互動遊戲轉移貓咪注意力

貓咪是天生的獵人，通常在缺乏狩獵對象的情況下，較強勢的貓咪會將弱勢貓咪（甚至是可憐的飼主）當作狩獵對象。此時，轉移不適當狩獵行為的最好方式，是透過良好的互動遊戲（詳細說明可參考 p.131）。

醫生這麼說

有時疾病、疼痛也會讓原本脾氣溫和的貓咪變得極具攻擊性。因此，若發現貓咪的性情大轉變，或雙貓不合的問題嚴重影響飼主的日常生活，建議先尋求獸醫師的協助，進行完整的生理及行為檢診，千萬不要任意將貓咪送養或是進行其他處置。

Point 3　讓雙貓見面與美好的事物作連結

想要讓兩隻關係惡劣的貓咪交好，可在每次雙貓見面時給予遊戲、食物、獎勵等，將美好的印象附加在對方身上；若發現其中一隻貓表現出「攻擊」的前兆，就立即給予玩具、食物等來轉移注意力，讓貓咪學習用正面獎勵取代負面情緒。

Point 4　發現貓咪打架時，請盡速隔離

貓咪玩遊戲的方式跟打架很相似，最大的不同就是貓咪在遊戲過程中會拿捏力道，避免弄傷彼此。若發現貓咪們不是在玩遊戲而是大打出手，最好的阻止方式是以突如其來的巨大聲響（如拍手、叫喝、哨子等）嚇阻她們，並趁著貓咪愣住時將彼此隔離，通常過段時間貓咪就會冷靜下來。**切記，若情非得已，千萬不要動手去阻止兩隻張牙舞爪、劍拔弩張的貓咪，你受的傷只會比貓咪更加嚴重。**

Point 5　貓咪冷靜後，再重複襪子戲法修復關係

待兩隻貓咪冷靜下來，則可再透過先前介紹新貓剛到家裡的步驟，修復與舊貓的關係。請大家謹記要訣：**每隻貓都有獨立、不侵犯他人地盤的水、食物、貓砂盆，以及只在美好事物出現時（如吃飯、遊戲）才讓雙貓見面。**若雙貓會面的距離過近導致情勢緊張，就將雙貓的距離拉遠。

貓主人的家庭作業

1. 先判斷新舊貓咪究竟是打架或是遊戲，通常遊戲是不會受傷的。
2. 若貓咪經常打架，請先透過上述方式幫助新舊貓咪適應彼此。
3. 若無法透過上述方式解決，請尋求獸醫協助，勿任意棄養。

Q5 多貓家庭相處難，如何讓老貓、幼貓愉快少爭執？

　　波波跟黛西是一對體態圓潤的貓姊妹，最近都剛過十三歲生日，姊妹倆都是相當優雅又帶點神經質的貓，脾氣來得快也去得快。凱蒂則是在兩個月齡時被飼主艾咪領養，現在已經一歲大了，個性活潑、機靈。這三隻貓先前一直相安無事，不曾打架或是互相叫囂，直到最近。

　　年紀較大的波波跟黛西平常沒事就是躲起來睡覺，而年輕、精力旺盛的凱蒂，最大的嗜好就是趁這對老姊妹不注意時捉弄她們，例如波波在貓樹上睡覺時，凱蒂就冷不防地咬或是拍打她一下，待波波跟黛西感到不耐煩，氣得想警告凱蒂停手時，凱蒂早已跑得不見蹤影。長期下來，波波和黛西只要看到調皮的凱蒂就會拱背哈氣，氣氛變得非常緊繃，三隻貓在家中不時大聲嚎叫、追逐，且情況越演越烈。

　　最近除了波波已不願與凱蒂一起吃飯、睡覺，更有幾次因為凱蒂在貓砂盆附近閒晃，導致波波不願去使用貓砂盆，而偷偷在家中廚房角落裡尿尿，艾咪不知該如何是好，只能盡量將貓咪們隔離開來。

▌貓醫生的病歷簿

- **徵狀**　凱蒂年輕又調皮，年老的波波不勝其擾，開始亂尿尿。
- **問題**　年齡差距導致貓咪相處困難，而飼主艾咪沒有及時處理讓貓咪出現行為問題。
- **處方**　改變居家環境，滿足貓咪的需求，自然可減少搶奪。

只要環境資源充足，
我行我素的貓咪其實更懂得共享

　　在大自然中，群居的動物勢必會形成團體，以利抵禦外敵、分享地盤上的資源，而藉由團體產生的利益，則由「階級」高至低依序享用，狗就是最好的例子。相較之下，貓咪對於團體不甚熱衷，除了母貓在養育幼貓初期會從旁照護之外，貓咪多半是獨自捕獵、進食、漫遊，因此鮮少形成群體，也少有團體所帶來的「階級」問題。

　　但與家貓與野生貓咪不同，若兩隻以上的貓咪共同生活在空間有限的人類家庭裡，礙於有限的食物、水、休息空間、排泄地點等，又會是另一種局面。而案例中的波波，就是因為幼貓凱蒂過度侵犯她的休息空間，才產生一連串的行為問題。

貓咪不是群居動物
而是機會主義者

　　在談到多貓如何和平相處之前，我先簡單說明有關貓咪的「社交行為」。

　　英國著名動物學家德斯蒙德‧莫利斯博士（Desmond Morris）曾說道：「事實上，就社交生活而言，貓是機會主義者，要不要社交生活都無所謂。另一方面，**狗卻不能沒有社交。獨居的狗很可悲；而獨居的貓，要說有什麼區別的話，則會因為落得清靜而鬆一口氣。**」這是莫利斯博士反駁早期有專家指出「貓是群居動物」所說的話。

貓咪的特性

1. 貓非群居動物，群居或獨居生活都可接受。

2. 野生貓咪習慣單獨狩獵，但共享環境資源。

3. 當環境資源有限時，強勢貓咪則會成為「上位者」。

　　關於貓本身的社交行為，莫利斯博士認為非常複雜，不能以獨來獨往或是偏好社交來簡單定義。貓咪身為靈活的機會主義者，兩種生活方式都能接受。他也認為，這是貓咪自數千年前被人類馴養之後，能夠長期延續下去的主要因素。

　　貓咪的社交關係建立在母系社會的架構上。在大自然中，母貓們會協力照顧剛出生的幼貓，相較於狗建立在群體狩獵及資源分配上的階級金字塔概念（地位最高者優先享用），貓咪狩獵時大多是單獨行動，並共享環境中的資源及空間。但**若貓咪生活的空間及資源有限時（例如人類的家中），那些較為主動、強勢、年輕力壯的貓咪就會成為族群中的「上位者」，透過打鬥或威嚇的方式占有飼主的關注及家中的資源。**如此一來，將造成那些較膽小、健康狀況不佳的貓咪形同弱勢，並可能衍生出生理及心理方面的問題。

飼主陳欣岑 / 貓咪 Hoya、虎吉

貓秉持「公平原則」
不需共享就不用搶奪

無論家中是多貓抑或單獨一隻貓咪，當貓咪第一次來到新的環境，大多會選擇躲起來觀察環境中的食物、水、便盆及躲藏、逃生的路線位置，確認是否侵犯了其他動物的地盤，並不斷觀察學習飼主的互動方式、聲音、肢體語言等所代表的涵義，待一段時間後，才會慢慢將自身的氣味標記於家中及物品上，確保建立自身的「財產」。

若家中已經有其他貓咪存在，大多數成貓初步會排斥新進貓咪（尤其是弱勢的幼貓），待雙方熟悉對方的氣味後情況大多會改善。因此，當家中有新進貓咪時，建議先替新進貓咪設置一個獨立不被打擾的空間，並給予足夠的水、食物及貓砂盆、貓跳台、睡窩等，不強求與其他貓咪互動。待一段時間過後（數天至數週不等，視貓咪的品種、年齡、個性及健康狀況等而定），貓咪就會漸漸適應新的家庭環境了。只要貓咪的活動空間寬廣、資源分配平均，就會減少彼此間互相爭奪的情況發生。

貓 醫生這麼說

建立和諧的多貓家庭，首要條件就是飼主必須秉持「公平原則」。確保每隻貓咪都擁有不需跟其他貓咪共享的空間及物資，讓貓咪們不需為了搶奪而彼此競爭。尤其家中較為弱勢、老病的貓咪，其日常用品建議擺放位置遠離其他貓咪，避免因心生恐懼或焦慮導致不敢去使用，並衍生出生理問題。

貓咪究竟需要
多大的空間？

　　並非每個人飼養貓咪的環境都夠廣大，更難去符合貓咪對於領地的需求（公貓的漫遊範圍是 0.4 ～ 990 公頃，母貓的範圍是 0.2 ～ 170 公頃），因此，**如何讓貓咪們在有限的空間中互相不受到影響，關鍵就是建立足夠的「垂直空間」及「躲藏空間」。**

　　絕大多數貓科動物都會爬樹，也愛爬樹，貓咪對於垂直空間的重視遠超過我們的認知。即使家中空間狹小，仍可以透過適當的規劃，營造讓貓咪安心活動的空間。當貓咪數量增加時，最基本的原則就是增加環境中的垂直空間。除了增加貓跳台的層級之外，也可以嘗試利用簡單裝潢及擺設，例如牆面裝置書架作為貓跳台、貓走道之類的，或是在視野良好的窗邊擺置貓樹、貓跳台等，供貓咪休息。

　　且因為生理結構使然，多數貓科動物對於持續消耗體力的運動非常不在行，加上平常有一半的時間都在睡覺，因此需要可以安心躲藏的休息空間。即使生活在家中的貓咪沒有「天敵」，仍保留了這個習性。因此，無論家中飼養了幾隻貓，都應該要確保每隻貓咪擁有私人空間。

躲藏
空間

垂直
空間

Q6 多貓家庭出現行為或疾病問題時，如何釐清是哪隻貓？

麻糬是一隻身材壯碩的短毛貓，體型硬是比家裡其他貓咪大了一倍，長期以來都是家中的貓大王。但自從麻糬前幾天跟家裡另一隻年輕的公貓——「米糠」打過架後，就有些怪怪的，例如麻糬會花很長的時間躲在飼主的臥室內不出來，麻糬也不跟其他貓咪一起吃飯，而是等到其他貓咪吃飽時，才默默地跑出來吃一些；此外，麻糬平常都會跟其他貓咪窩在客廳的沙發上一起睡覺，但這陣子即使天氣很冷，也不見麻糬跟其他貓咪窩在一起，只獨自躲在床底下。

飼主心想，或許是因為麻糬打架輸給米糠，導致自尊心受損，沮喪低落，這種情形應該過陣子就會恢復了吧？沒想到的是，麻糬的食欲大幅度下降，甚至開始不吃不喝，飼主緊急將她帶至動物醫院進行檢查，才發現麻糬已經生病好一陣子，再晚些就診，就有可能導致生命危險……

▎貓醫生的病歷簿

- **徵狀** 麻糬變得愛躲藏，且改變吃飯的習慣。
- **問題** 多貓家庭須特別注意每隻貓的行為變化，飼主判斷錯誤，差點延誤就醫時間。
- **處方** 貓咪習慣改變或行動力下降時，就很有可能是生病的前兆，須特別留意。

貓咪是天生隱藏者，
小變化可能是大病痛

貓咪天生就非常擅長隱藏病痛，避免身體狀況不佳讓其他動物有攻擊的機會。即使家中沒有天敵，貓咪仍保留了這個行為，尤其是在貓口眾多的環境中，導致大多飼主都是在貓咪身體情況非常危急時才發現不對勁，而喪失了治療的黃金時間。

多貓家庭最常遇到的問題不外乎噴尿、打架、搶食等，由於貓咪的行為會互相影響，例如強勢的貓咪會透過噴尿來標記地盤，而不甘示弱的貓咪也會透過不當排泄、轉移性攻擊行為來回應。因此，當發現問題時，飼主很難釐清肇事貓咪是哪一隻，更難察覺在事件中是否有貓咪受傷或生病了。以下幾種徵兆可當作分辨的指標：

Point 1　貓咪的習慣改變

這是最容易被忽視的徵兆，例如超好動的貓咪突然變得很文靜、平常玩遊戲的時間卻一直在睡覺等。很多人都誤以為是貓咪年紀大了，體力變得比較差，但事實上，突然的行為改變較高機率是因為身體不適。

Point 2　藉由互動遊戲轉移貓咪注意力

若貓咪被摸了就咬人或躲避、不時發出嚎叫聲，可能是因為身體有某個地方感到疼痛或不舒服。

Point 3　貓咪只用特定的姿勢睡覺、休息

例如患有退化性關節疾病（degenerative joint disease, DJD）的貓咪，會固定躺某一側，避免壓迫到疼痛的部位，而這類貓咪的坐姿也常與一般貓咪不同。

Point 4 貓咪變得比平常更愛躲藏

貓咪出於天性，會在身體不適時躲藏起來，避免遭受天敵攻擊，並且變得不愛與人或家中其他動物互動。

Point 5 過度舔舐毛髮或不再自我梳理

除了焦慮及恐懼之外，疼痛也會引發貓咪過度舔舐該部位而造成脫毛、紅腫等現象，例如有時罹患膀胱炎（cystitis）的貓咪會把腹部毛髮舔禿。有些貓咪則會停止舔毛，這並非因為年老，而是梳理過程會疼痛，導致貓咪不願意自我梳理，外觀顯得邋遢、油膩。

Point 6 貓咪的眼神恍惚

在我的臨床經驗中，常發現貓咪患有重疾或是臨終之前，眼神會非常恍惚、黯淡無光，看似遙望遠方，對眼前的事物不感興趣。

Point 7 排泄習慣改變

若排除心理因素，生理的疼痛也會改變貓咪排泄的行為，例如關節疼痛導致貓咪不願意跨進貓砂盆，而寧願排泄在其他地點，即使飼主每天固定將貓砂盆清潔乾淨，貓咪也可能會亂排泄。

貓醫生這麼說

貓咪是一種非常規律的動物，若外在環境沒有太大改變，通常貓咪的行為及生活不會有太大的變化。有鑑於此，若貓咪開始出現一些平常不會做的行為或動作、精神及食欲不佳，就可能是身體不適，或周遭環境引起的緊迫、焦慮等負面情緒，請立即將貓咪帶到動物醫院檢查，避免延誤。

貓主人的家庭作業

1. 若家中有多隻貓咪，請藉由公平的物資分配和增加垂直活動空間，讓貓咪生活得自由又開心。
2. 特別留心年老或弱勢的貓咪，是否行為或是生活習慣有改變，若有，請盡速就醫。

Q7 貓咪的叫聲、尾巴晃動、耳朵方向，是想表達什麼呢？

　　多多是一隻多話的橘色短毛貓，每天飼主只要一回到家，多多便會在門口迎接，並跟隨在身邊持續地喵喵叫。多多的聲音非常多變，像是撒嬌時會發出幾乎無聲的喵喵叫；玩遊戲或是吃貓草時，會發出像是摩托車引擎般的呼嚕聲。另外，多多有時會望向窗外，對著樓下的街貓們發出「喵～嗚」聲，並持續好一陣子才停下來。

　　雖然朋友都說多多應該只是喜歡自己碎碎唸，不用太在意，但每當望著多多圓滾滾的雙眼時，飼主又感覺多多應該有很多話想對她說，只是不懂她到底想表達些什麼……

▌貓醫生的病歷簿

- **徵狀**　貓咪話說不停，卻又不知道想表達什麼？
- **問題**　貓咪的聲音有非常多變化及意義，飼主卻不甚了解。
- **處方**　搞懂貓咪的聲音及肢體語言，讓彼相處更輕鬆。

聽懂基本「貓語」，
完全掌握愛貓好、壞心情

對人類而言，以語言作為主要溝通方式再自然不過，但語言仍有局限，即使精通多國語言，人與人的溝通表達上仍有詞不達意，或是因用字遣詞造成誤解的情況。而貓咪卻極少有溝通不良的情形發生，其表達喜、怒、哀、樂的方式更是直接，完全不加掩飾。例如開心時會發出呼嚕聲；遭遇威脅時則會豎毛拱背，不斷哈氣。貓咪藉由不同的聲音及肢體動作，將想表達的訊息非常清楚地傳遞出去。

不論貓咪活潑或是內向，都可以透過豐富多變的聲音了解她。比起狗，貓咪至少可以發出三十多種截然不同的聲音，而其中光是「喵」的變化音就多達近二十種，有的貓咪甚至還會模仿蛇或是鳥的叫聲。這些聲音的複雜性及多樣化，幾乎可以成為一種語言了，讓人不由得佩服。除了部分品種，如暹羅貓、東方貓等，沒事就愛喵喵叫之外，大部分貓咪的肢體動作及聲音都有意義。

雖然每隻貓咪的表達方式原則上都差不多，但仍有各自不同的地方，有些喜歡輕咬飼主，有些則喜歡拚命撒嬌引人注意。因此，藉由長時間與貓咪相處，搭配了解一些基本的「貓語」，我們便能更理解貓咪的行為動機及需求。以下是一些常聽到的「貓語」：

貓語：
短喵～說嗨，
長喵～喊餓

1. 短暫、輕微，接近無聲的「喵」

貓咪微微張開嘴，像是發出氣音一般，就像是在跟您說：「嗨，你好嗎？」

2. 大聲·迫不及待地連續「喵！喵！」

通常在飼主回家後，貓咪迫不及待地跑來迎接，同時磨蹭你的雙腿說：「你終於回來了！我好想你！」

3. 拉長音、尾音略為上揚的「喵～嗯」

不少貓咪的飼主都是以這個聲音當鬧鐘。一大早還沒睡醒，貓咪就壓在身上，對飼主發出這種強烈、堅定的聲音，像是在說：「我肚子餓，想吃東西！」或是「快起來，陪我玩！」

4. 高亢的「喵～嗚」

若貓咪未結紮，就會在發情期發出這樣的求偶聲。公貓會想要跑出去找正在發情的母貓，母貓則會吸引周圍的公貓聚集，甚至引發公貓打群架。

5. 低沉的「喵～噢」

這個聲音比較像是在抱怨、表達不滿，例如貓咪被擋在門外想要進到房內，或是發現住家附近有其他貓咪遊蕩，讓貓咪感到領土被侵犯等。這個聲音像是貓咪在高喊：「抗議！」或是「按照我的要求做！」

6. 「呼嚕呼嚕」

呼嚕聲是怎麼發出來的，至今動物學家仍是眾說紛紜，僅了解貓咪除了開心、滿足時會呼嚕外，受傷或是生病時也會發出同樣的聲音。

7. 「嚇！」

貓咪感到威脅或是和其他動物對峙時所發出的聲音，也就是我們常說的哈氣聲。關於貓咪哈氣的行為，有一個說法是貓咪善於模仿，藉由模仿蛇類的聲音來嚇退敵人。

喵知識

呼嚕呼嚕用處多

根據研究顯示，貓咪的呼嚕聲不只用於表達開心，更有其他的功能。

母貓會藉由呼嚕聲引導未開眼的初生幼貓找到正確的乳頭，並可減緩哺乳及生育過程引起的疼痛；小貓也會以呼嚕聲回應母貓的梳理及餵養。當我們撫摸、梳理家中貓咪時，貓咪會不自覺地以呼嚕聲回應，就是來自於幼年時期的記憶。

除此之外，貓咪的呼嚕頻率可達每秒鐘二十六次，透過呼嚕所發出的震動，可以促進貓咪肌肉及骨骼生長，加速傷口癒合，有助於情緒穩定，像極了一個具有療癒效果的小引擎。

多數的大型貓科動物（如老虎、獅子等）都會發出呼嚕聲，尤其是受傷的時候。但礙於大型貓的舌骨（hyoid bone）較不靈活，使她們發出的呼嚕聲跟貓咪很不一樣，聽起來比較像是咳嗽或是咆嘯。

8.「喀、喀、喀」

有時貓咪會看著窗外的鳥兒，不時發出「喀、喀、喀」的聲音。這是因為貓咪正在模擬咬斷獵物脖子的動作，只是嘴中沒有獵物，所以上下兩排牙齒互相撞擊發出聲響。通常是家中貓咪無法滿足捕獵欲望，而發展出的假想行為。

尾巴擺動：
輕擺尾巴嫌你煩；
高高舉起喜歡你

除了聲音，貓咪也會藉由尾巴、眼睛、頭部等肢體語言來表達情緒，需要飼主細心的觀察。

1. 豎起雞毛撢子

大多數動物突然遭遇驚嚇或是禦敵時，都會毛髮倒立，貓咪也不例外，只是尾巴看上去較明顯。除了尾巴，貓咪背部的毛髮也會豎起，讓整體體型看起來比原先大一點，警告其他動物不要招惹她。

2. 夾在兩腿間

當貓咪遭遇威脅或是極度恐懼、無處逃跑時，基於本能便將尾巴藏起來。這個動作包含了舉白旗投降的意思，對外宣告自己不具威脅性，請勿攻擊。

3. 來回甩動

這個動作類似狗開心搖尾巴，但意義卻大大不同，貓咪甩尾是表示焦慮不安。替貓咪洗澡或是窗外傳來鞭炮聲、雷聲時，貓咪便會將尾巴來回不停地甩動，依其焦慮的程度，有時貓咪也會將尾巴如同鞭子般，重重拍打地面，表示極度不悅。

4. 快速顫抖

就像人會因為狂喜而顫抖一樣，當貓咪發現獵物或是極喜歡的食物時，會因為太過興奮而尾巴不停顫抖。此時也可以觀察到貓咪瞳孔放到最大、鬍鬚向前豎起等徵狀。

5. 高舉

貓咪將尾巴高高舉起並露出會陰部，代表她感到自信、愉悅。這個動作來自貓咪幼年時期的記憶，母貓舔舐其肛門、尿道等處刺激排泄。雖然貓咪成年後已不需要靠外界刺激才會排泄，但仍會很自然地對喜歡或是信任的對象做出這個動作。

6. 輕輕擺動

有許多人認為貓咪並不會像狗一般回應飼主的呼喚，但事實上，貓咪是透過尾巴輕擺來回應飼主：「有什麼事嗎？」若飼主太過頻繁呼喚貓咪卻又沒有什麼特別的事情，貓咪也會跟人一樣裝傻，對於無意義的呼喚置之不理。

眼睛變化：
瞳孔放大好興奮；
緩緩眨眼說愛你

除了聲音，貓咪也會藉由尾巴、眼睛、頭部等肢體語言來表達情緒，需要飼主細心的觀察。

1. 瞳孔放到最大

記得鞋貓劍客那雙有求必應的大眼嗎？當貓咪瞳孔全開時真的是萌死人不償命。但事實上，貓咪將瞳孔放到最大代表情緒非常亢奮、激動，這種現象常發生在貓咪遊戲、捕獵或是打架的時候，並伴隨著鬍鬚往前傾及耳朵直立。

2. 瞳孔成梭狀

當貓咪感到安心、滿足時，便會將瞳孔開合到中間大小。若貓咪正以這樣的瞳孔看著你，則代表她很愛你，並感到放鬆。此時是輕撫貓咪、替貓咪好好梳理的好時機。

3. 緩緩眨眼

相較於人類透過親吻來表達愛意，貓咪則是透過眼神。若貓咪不時瞇眼看著你，代表貓咪非常愛你，正在用眼睛給你一個飛吻。當然，你也可以用這個方式給貓咪一個回吻，訣竅是閉眼的速度要緩慢，更可以將過程分成「I」、「LOVE」、「YOU」三個階段，將眼睛緩緩閉上。

其他表情：
開飛機耳拉警報

1. 耳朵往後折

代表貓咪感到害怕、焦慮，並準備好隨時攻擊。貓咪之所以做出這樣的動作，主要是出於自我保護機制，因為貓咪打鬥最常受傷的部位就是僅由軟骨構成的耳朵，而且通常從打鬥後的傷勢，就可以判斷出哪一方是打鬥老手。

2. 舔鼻

這個動作代表貓咪遭遇壓力、不知所措。
例如讓不喜歡被抱的貓咪只有在被抱情況下才有零食可以吃，一掙脫就沒有。此時貓咪既不想被抱、又想吃零食，只好拚命舔鼻來排解壓力。

3. 洗臉舔舐

每次我回到家，家裡的貓咪就會衝過來磨蹭我的腳；若蹲下來脫鞋子，貓咪就會用毛茸茸的額頭及臉上兩團肉來撞我的手，搞得脫鞋比穿鞋還難。之後，貓咪便坐在一旁舔舐自己的毛髮。會有這些動作，主要是因為貓咪想跟我們交換氣味。透過磨蹭的動作，貓咪不只將自身的氣味沾染到我們身上，同時也將我們的氣味沾到她身上，並透過理毛、舔舐來「嚐」我們的氣味，確認彼此的氣味共享。

攝影者：Emily

翻肚學問大

　　雖然貓咪翻肚的樣子很可愛，但多數貓咪還是不喜歡人去摸她的肚子；有的貓咪甚至會在你摸的時候狠狠咬你一口！但究竟為什麼貓咪要翻肚子呢？主要有幾個意義：

1. 非常放鬆。 尤其是貓咪「睡翻天」的時候。

2. 代表信任。 尤其是對特定對象翻肚。因為肚子是最脆弱的部位，貓咪只會對信任的對象翻肚。

3. 對地盤中的貓咪表示臣服。 理由也是因為肚子很脆弱，但意義不太相同。這點比較像是人類舉起雙手投降，代表已經沒有攻擊意圖。尤其在多貓家庭中，某些貓咪會對特定貓咪做出這個動作，意味自己已經先示弱，勿再嘗試攻擊我。

4. 全面戒備。 打架、遊戲時突然翻肚，代表全面防守。因為貓咪打架最常受傷的部位是頸背部皮膚，進而被制伏。有經驗的貓咪打到一半翻肚不代表臣服，而是利用四肢來全面性的防守，讓他人沒機會招住頸背部，並可適時翻轉逃脫。

©Peter Brenner / @flickr

口令＋動作，設計和愛貓間最獨特的溝通暗號

就像我們需要了解貓咪的肢體語言及叫聲所代表的意義，同樣地，貓咪也需要了解飼主的動作及口令所代表的意義。

或許大家曾想過，要是可以直接跟貓咪說話聊天該有多好？至少可以直接告訴貓咪不可以跳上餐桌，或今天過得好不好？問問她為什麼老是喜歡跟我唱反調？但貓咪聽不懂，打罵處罰又無效，難道養貓就真的只能變成貓奴嗎？

會有這些困擾，主要是因為貓咪不了解我們的動作及口令。事實上，貓咪的聰明程度不亞於狗，而且貓咪不只聰明，更善於察言觀色。就像每次準備開罐頭時，貓咪就像有預知能力似地飛奔而至；想帶貓咪去動物醫院時，外出籠還沒準備好，貓咪就躲得不見蹤影。

因此，**當我們試著跟貓咪進行溝通時，請謹記「所有口令都要伴隨動作」這個準則。**對貓咪而言，判讀我們的想法並非是透過我們說話的內容，而是從我們的「語氣」及「動作」來判讀。舉例來說，如果要貓咪了解跳下餐桌的口令，如「下來！」或「NO！」那麼這些口令就必須伴隨同樣的手勢及語氣，並持之以恆，不可與其他口令的語氣或手勢重複，避免讓貓咪感到困惑。

1. 稱讚

當我們在撫摸貓咪或稱讚貓咪時，必須使用輕柔、愉悅、音調偏高的聲音。這種語調可以讓貓咪感到愉悅。

2. 糾正

若要糾正貓咪的行為，則必須使用響亮、堅定、低沉的聲音，並與肢體動作結合。

這些溝通準則看似簡單，卻不容易達成。舉例來說，許多飼主在貓咪跳到瓦斯爐旁時會大聲斥責，用嚴厲的態度讓貓咪知道不可以那樣做；但當貓咪希望獲得飼主的關注，占據飼主正在閱讀的書籍時，飼主便以輕柔、好笑的語調責怪貓咪，並將貓咪抱離。

貓 醫生這麼說

能否維持口令的一致性，並適時給予獎勵，將是與貓咪順利溝通的重要關鍵。

©bartlettbee/ @flickr

　　雖然這兩件事的後果及危險程度有天壤之別，但在貓咪心目中卻感到非常困惑，明明是不同的語調，但其行為都是被飼主否定，讓貓咪無所適從。**因此，若要讓貓咪了解口令，在溝通過程中就必須維持相同的語調、手勢，甚至是臉部表情。**若能維持這樣的溝通方式，除了可以幫助貓咪理解我們所說的話，也能讓雙方更了解彼此。

貓主人的家庭作業

1. 猜猜看貓咪今天心情好嗎？每天觀察貓咪的聲音及肢體語言，並記錄下來。
2. 替自己想跟貓咪說的話設計特定語調及手勢，並從今天開始貫徹執行。

貓咪到底是獨行俠
還是喜歡有人陪伴？

> 我只要一出門貓咪就狂叫，鄰居都在投訴了，好煩惱，怎麼會這樣？

> 嗚嗚，我好空虛寂寞、害怕焦慮……主人你快回來陪我！

　　豆豆剛出生不久就被母貓遺棄，被現在的飼主發現時還沒斷奶，因此選擇帶回家照顧。豆豆有很多行為都像是一個沒有安全感的孩子，例如只要飼主在家，豆豆便要全程跟隨、窩在一旁，就連洗澡、上廁所時，豆豆都要盡可能地待在浴室內。只要飼主在家的時候，豆豆都很乖巧，總是靜靜地待在一旁，從未調皮搗蛋。

　　但讓人困擾的是，每當飼主一出門，豆豆便會非常緊張，持續地在窗邊放聲大叫，直到飼主回到家的那一刻才停止……

▎貓醫生的病歷簿

- **徵狀**　飼主一出門，貓咪便會持續放聲大叫，直到飼主回家。
- **問題**　貓咪獨自在家孤單又焦慮，只能放聲大叫，希望獲得關注。
- **處方**　轉移貓咪的注意力，讓貓咪孤單無聊時也有事情可做。

五個小技巧，
幫焦慮貓咪轉移注意力

　　或許大家或身邊養貓的朋友都曾有過這樣的經驗，只要飼主一出門，家裡的貓咪就會持續喵叫一整天，直到飼主回家。後米聽從他人建議，再養一隻貓咪米陪伴，問題也不見解決，究竟該如何是好？

　　有部分品種的貓咪有這種愛講話的特性，如東方貓、暹羅貓、緬甸貓、東奇尼貓都是話匣子一族，而暹羅貓更容易產生過度尋求關注所導致的行為問題，例如焦慮、過度舔舐、異食癖等。因此當貓咪出現這類問題時，建議大家可用以下幾種方式分散貓咪的注意力，並適時解除焦慮。

 醫生這麼說

但請特別注意，這些舒壓方式僅適用於已排除貓咪有生理疾病為前提，並不能代替醫療行為，若貓咪發生疾病及相關行為問題，還是應立即帶貓咪前往動物醫院進行檢診，避免延誤。

1. 貓音樂

目前國外的動物行為學家開發的「貓音樂」，主要訴求是讓貓咪的心情愉悅、緩和。若較難取得「貓音樂」，也可以讓貓咪聆聽豎琴演奏的古典音樂，因豎琴的波長與貓咪腦波相近，故也有緩和的效果。

2. 貓電影

所謂的貓電影（Video for Cats）中沒有驚心動魄的特效場面，僅是一些小魚、松鼠、鳥兒活動的畫面，卻讓不少貓咪看過之後無法自拔、目不轉睛。除了貓電影之外，也可以在家中窗台設置餵鳥器，讓貓咪也有些「餘興節目」可以觀賞，但前提是務必將窗戶關好（只關上紗窗是不夠的），避免貓咪破窗而出。

3. 互動遊戲

好的互動遊戲除了可以轉移貓咪的注意力之外，更能讓貓咪在遊戲過程中釋放安定情緒的費洛蒙，有助於減緩緊張、焦慮。我最推薦跟貓咪玩的是釣竿式玩具（Fishing Toy），不只讓貓咪獲得捕抓獵物的成就感，更透過運動讓貓咪身心更加健康。

4. 費洛蒙

費洛蒙並非萬靈藥，比較像是點一盞柔和的燈，讓氣氛變得更加溫馨、自在。當貓咪處於焦慮、恐懼的情緒時，使用費洛蒙會有安定的效果。目前多半可以在寵物店及部分動物醫院買到人工費洛蒙，若貓咪緊張，可以在貓咪所在的房間、毛毯、玩具上噴一點費洛蒙，但**切記不可直接將費洛蒙噴在貓咪身上。**

5. 陪伴

若貓咪有情緒問題，其實最不可缺的就是飼主的陪伴。飼主每天都應該花一些時間陪伴貓咪，對貓咪輕聲說說話，或是輕輕按揉貓咪的臉頰、背部，這些動作都可以讓貓咪感到安心自在，但**切記不要急於讓貓咪開心而表現出誇張的聲音及動作。**

Chapter 2

打造讓愛貓無壓力的生活環境

依據貓天性,配置
貓砂盆、貓跳台、抓柱

「狗認人,貓認家。」在野外生活的貓科動物,幾乎沒有所謂的「行為問題」。在臨床上經常處理的行為問題,有將近 70% 是因為環境缺失或人為不當的互動方式所引起。因此,如何依據貓的天性,將家中布置成讓貓咪無壓力、自在生活的空間,則是降低貓咪產生行為問題的關鍵。

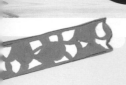

花寶是一隻快滿一歲的小貓，和飼主湯姆獨住在公寓內，因為花寶會抓沙發、推倒花瓶、跳上廚房流理台等，所以當花寶在家中活動時，湯姆幾乎得伴隨在側，或是僅讓花寶在自己的視線內活動，若外出或是晚上睡覺時，湯姆便將花寶關在大籠子內。

過不久，花寶的習性慢慢轉變，不時表現出嚎叫、開門即想衝出去、推紗窗等舉動。而最近湯姆外出時，花寶不像先前都乖乖待在籠內睡覺，而是不斷啃咬籠子，弄得口腔常常受傷，並持續嚎叫直到湯姆回家把籠子打開為止。每當花寶出了籠子，便急速鑽到湯姆的床底下躲著不出來，湯姆嘗試把花寶抓出來，便會受到花寶的威嚇、攻擊。

▍ 貓醫生的病歷簿

- **徵狀** 花寶愛搗蛋，不受控制，主人須隨伺在側，或是關籠。
- **問題** 經常性關籠造成花寶性格改變，變得焦躁、不親人，甚至攻擊人。
- **處方** 滿足貓咪本能的需求，給予適當環境，花寶的情況就會慢慢改善了。

喵不求豪宅，
好躲、好爬就夠了

貓咪是非常依賴環境的生物，相較於狗，貓咪被人類馴化的時間較晚，也因此保留了大部分野生貓科動物對環境的需求。即使家中沒有天敵，貓咪仍需要隱蔽性好的躲藏空間、可觀看戶外風景的地點。除此之外，**比起家中是否寬廣，她們更重視垂直攀爬的空間是否足夠；若環境無法滿足貓咪的需求，則非常容易引起行為問題。**

如同案例中提到的花寶，為什麼她搗蛋、不受控制？主要的原因可能是生活環境中缺乏活動和躲藏的空間，而主人以關籠的方式來應對，更讓花寶的問題行為加劇。貓咪雖然保留了許多野生動物的習性，但整體來說，貓咪仍是一種環境適應力非常強的動物。不論居住在廣大的田野農舍，抑或狹小的城市套房，貓咪都不曾在人類的生活環境中缺席。就我臨床的經驗，**貓咪非常依賴周遭環境，生活方式及生理時鐘也隨著環境制定。**

貓咪每到一個新的生活環境，便會先觀察食物與水的來源、安全避難地點、排泄處等，除了飲食與排泄地點不宜過於接近之外，幾乎所有的貓科動物對於環境都有兩大項需求：

改造書櫃、置物櫃，
輕鬆打造貓咪的攀爬空間

　　天性使然，貓科動物不論體型大小，幾乎都是爬樹高手，有些喜歡潛伏在樹上狩獵，有些則習於在樹上休憩，躲避更危險的天敵。相較於居住空間是否寬廣，貓科動物更重視居住環境的垂直空間層次，家貓也不例外。

　　尤其是**在多貓家庭中，貓咪們容易因爭奪地盤而打架，導致強勢貓咪出現的區域，弱勢貓咪便不敢接近**，例如放置食物、水的區域，或是貓砂盆擺置處，造成弱勢貓咪生理及心理上的危害。

　　美國著名的「貓屋 The Cats' House」便是利用貓咪喜愛垂直空間的天性，將家中牆面、梁柱、天花板等處改裝成適合貓咪行走的通道、休憩的平台；多層次的垂直空間不只符合貓咪的居住習性，更是許多愛貓者居家裝潢的最佳參考範本。

　　營造足夠的垂直空間是養貓的必要條件。不只可解決多貓家庭的地盤分配問題，更有助於解決貓咪喜歡跳上餐桌、書桌等問題。飼主可在餐廳、書房等貓咪喜歡出沒的地點，擺放比餐桌、書桌位置更高的貓跳台，並透過獎勵的方式，例如在貓跳台上放置貓咪喜歡的玩具、食物，吸引貓咪主動前往使用，而不要處罰貓咪跳上不該跳的地方。

透過窗外的景觀，不只可以轉移貓咪的注意力，更有助於營造「居高臨下」的感覺。但須注意安全，不可以只留紗窗，讓貓咪有機會跳出窗外。

飼主 Tia/ 貓咪 Tequila

即使家中空間狹小，仍可以簡單地規劃，營造讓貓咪安心活動的空間，例如：

• 將書櫃、置物櫃改裝成貓跳台。

• 可在家中牆面添置書架，做為貓跳台、貓走道。

• 在窗邊設置貓跳台。

透過紙箱堆疊，輕鬆做出貓咪夢想中的城堡。

　　貓咪的平均睡眠時間約為十四個小時左右，但有些貓咪嗜睡如命，每天至少會睡上二十個小時。然而，睡覺時貓咪不免會將自身暴露於未知的風險當中，因此她們在野外生活時常常會隱藏起來，一來可避免遭遇天敵及危險，二來則能守株待兔，確保自己不善打持久戰也能捕捉到獵物。

　　家中環境雖然舒適又溫馨，但貓咪仍保留了野外習性，**尤其剛進到新環境的貓咪，更需要躲藏棲身之處。**空間不用太大，剛好足以容身的大小（甚至略小於貓咪的體型），反而讓貓咪更有安全感。

　　在家中有許多方式可以簡單營造出讓貓咪躲藏的空間，避免她們躲進一些不適當的地點（冰箱與牆壁之間的空隙、放置可能危險物品的倉儲間等）而造成危險，例如：

1. 利用大浴巾遮蓋桌椅的底部，營造一個小小躲藏空間（貓砂盆也可擺在裡面）。
2. 空紙箱不只省荷包、用壞了不心疼，更是最容易改造成貓家具的好素材。

喵也講究格局，
廁所、餐廳要分開

我常跟養貓的飼主説：「狗認人，貓認家。」

在野外生活的貓科動物，幾乎沒有所謂的「行為問題（behavior problem）」。這些我臨床上常處理的問題，**有將近 70% 的原因是環境缺失或是人為不當的互動方式所引起的**。也因此，飼主若遇到貓咪行為問題，在進行初步檢診前，我會請他們將家中平面圖一併帶至動物醫院與我討論貓咪的生活環境，以進一步了解家中的空間及布置是否可能為造成貓咪感受到壓迫、焦慮、恐懼的主因。

在我的臨床經驗中，**引起貓咪行為問題的居住空間，通常與空間狹小或廣大沒有直接的相關性，而是取決於家中的「垂直空間」分布、「隱蔽性」是否足夠**，而這兩點的重要性通常對個性鮮明的貓咪影響尤其明顯。

1. 外向貓愛爬高
以品種貓為例，個性積極活潑的孟加拉貓（Bengal，台灣多俗稱為豹貓）幾乎像是披著狗皮的貓，個性積極活潑、喜愛玩水、樂於攀爬，每日所需運動量及活動空間也相對較大，並不適合飼養在一般公寓中，更別提長期關在狹小、毫無隱私性的籠內。

2. 內向貓想躲藏
個性內向、敏感，帶點神經質的金吉拉（Chinchilla cat，波斯貓的一種）則非常依賴環境中的「避難所」，做為躲避外在威脅或沉澱情緒的獨處空間。這類型的貓咪，若環境中沒有任何可以躲藏的地方，或是飼主太過刻意關心，不時打擾想躲起來休息的貓咪，容易造成貓咪焦慮、攻擊，甚至是隨意大小便。

　　無論是哪一種個性的貓，除非特殊情況（例如住院療傷、誘捕、傳染病隔離等），我通常反對將貓咪長時間關在籠內飼養。原因無他，貓咪主要是透過氣味來區分生活空間內的動物，以及劃分人類認知的「餐廳」、「廁所」、「臥室」等，即便籠內的空間足夠，但狹小的環境迫使貓咪將睡窩、餐廳、廁所等混在一起，在貓咪的腦海中，這種感覺就像是在馬桶上吃飯、在浴室地板上睡覺一樣，既不舒服又相當容易演變成行為問題。

　　有鑑於此，無論居住空間大小，**貓咪的睡窩、水、食物盡可能與貓砂盆保持一定距離，除避免氣味互相干擾之外，更可確保環境衛生，避免貓咪因為排泄物汙染食物及水而染病**。然後再配合隱蔽性的空間營造，讓貓咪自行劃分出自己的空間。

貓主人的家庭作業

1. 不要關籠，這只會讓行為問題惡化。
2. 增加垂直空間讓貓咪攀爬，可減少貓咪跳桌子、流理台的機率。
3. 打造隱密空間讓貓咪躲藏，尤其是睡覺和上廁所的地方，給貓咪安全感。
4. 貓砂盆和食物、水、睡窩要分開，讓貓咪舒適又健康。

　　小蘋果是一隻個性相當討喜、人見人愛的貓咪，飼主對她疼愛有加，曾替小蘋果買過不少東西，例如紙板製的貓抓板、用麻繩綁出的貓抓柱，角落更擺著像是一個小樹般高聳的貓跳台，窗邊還黏掛了一個貓用的小躺椅，而地板上就更不用說了，散放著各種貓草包、貓玩具，玲瑯滿目。但對於飼主買的東西，小蘋果似手都不太領情，每樣用品大多都只用過幾次，變顯得興趣缺缺，讓人的荷包跟心裡都在淌血，難道小蘋果真是被寵壞了，才會變得如此嗎？

▍貓醫生的病歷簿

- **徵狀**　家裡貓用品堆積如山，擺在一旁積灰塵。
- **問題**　挑選貓用品時只考慮到自己的喜好，未想到貓咪的需求。
- **處方**　生活用品也是導致貓咪行為問題的原因之一，請先了解貓咪的本性，再挑選適當的用品。

每次逛寵物用品店都
會忍不住想買些貓用品，
但貓咪總是不領情…

主人完全沒有考慮到我的使用習慣，
買來的東西都不怎麼實用。

貴不一定就好，
投貓所好最重要

　　雖然貓咪是一種「願意屈就於人類家庭的野生動物」，但基本生活用品的選擇上，還是必須配合她們在野外的生活模式。在野外，貓咪大小便有著不同的意義，小便多與地盤標示、發情等有關；而大便則包含了她們最私密的健康狀況、飲食來源等，所以通常貓咪會將糞便深埋，以避免將個人資訊曝露給天敵或掠食者。

Point 1
尿尿、便便要分開，
一隻喵要兩個盆

　　雖然在人類家中沒有天敵，但貓咪的天性仍會把糞便跟尿液分別埋在不同的位置。因此，家裡的貓砂盆數量建議要比貓咪的數量多一個。若家裡有一隻貓咪，就需要兩個貓砂盆；兩隻貓就要有三個貓砂盆……等，以此類推。

　　那麼好的貓砂盆又該如何挑選呢？

- 有蓋的貓砂盆通常因透氣性不佳，若飼主無法隨時清理排泄物，氣味很容易深藏在裡面，造成貓咪不願使用而引發排泄行為問題。因此，建議挑選不加蓋的貓砂盆。
- 大小至少是貓咪體長的 1.3 倍以上，方便貓咪在便盆裡轉身及活動，比較恰當。

- 若家中有幼貓或老貓，建議使用邊框為「凹」字型的貓砂盆，方便嬌小的幼貓及活動不便的老貓輕易如廁。

Point 2
自己用的自己選，
讓愛喵自己選貓砂

　　巾面上的貓砂款式總類極多，挑選方法及使用心得在網路上也有極多討論，但**貓砂的選擇權其實應該以貓咪喜好為主。**每隻貓咪在幼年時學習使用貓砂的環境都不同，有些是從小就在野外生活，因而習慣排泄在落葉或是鬆軟質感的泥土上；有些貓咪則是在人類的家庭中出生，早已習慣飼主挑選的貓砂。

　　因此，若是第一次幫貓咪挑選貓砂，建議各類型的貓砂，紙砂、礦物砂、水晶砂、木屑砂等都各擺一盆，觀察貓咪主動使用哪一類型的貓砂，之後就以該類型砂為主，非必要則不更換。

> **貓 醫生這麼說**
>
> 依據統計研究，有將近七成的貓咪偏好「細顆粒、無香味的礦物砂」，若飼主不方便測試貓咪的喜好，選用這類型的貓砂通常接受度較高。

　　有非常多的因素會導致貓咪挑食、不愛喝水及吃東西，除了餵食時間不規律、食物擺放位置不適當、常常更換飼料廠牌、口腔及生理疾病等可能原因外，還有部分是出在擺放飼料及水的「碗盤」有問題。

1. 貓咪的鬍鬚非常敏感，多數貓都不喜歡鬍鬚碰觸到東西的感覺，當然也包括吃飯時必須將頭探進小小的碗內，鬍鬚碰到碗邊的感覺。因此，**挑選一個大而淺**的碗或盤子給貓咪使用是比較適當的。

2. 材質請盡量避免使用塑膠製品，因塑膠製品容易產生細微刮痕，進而藏汙納垢，造成飲食衛生問題。**請挑選材質堅固、易清洗的碗盤，例如不鏽鋼、陶瓷等。**

Point 4
家具救星！
貓抓板、柱

　　磨爪是貓咪的天性，若不想讓貓咪將家中的家具抓花，建議挑選適當的物品供貓咪磨爪。在野外，貓咪通常會選擇材質較軟的樹幹（通常以軟木為主），因此在挑選這類型產品時，建議選

飼主貓小捲 / 貓咪金剛

擇易抓、易留痕跡的材質，例如瓦楞紙及麻繩製品都是非常好的選項。此外，必須注意的是，每隻貓咪喜歡的手感、型式跟材質都有些不同，初次挑選時，可多嘗試幾種不同的商品，觀察貓咪慣用的材質及方式，做為未來選擇商品的參考。

Point 5
每天十五分鐘，透過適當的玩具幫貓咪減肥舒壓

貓咪是天生的獵人，她們透過遊戲來模擬狩獵的過程。若飼主不想成為貓咪眼中的獵物，就應挑選互動性佳的玩具來與貓咪玩耍，例如釣魚竿型的逗貓棒（fishing toy），讓貓咪把注意力從你身上轉移到玩具上。注意每日遊戲時間至少要多於十五分鐘，不只可以幫助貓咪運動、避免肥胖，更能讓貓咪適時地舒緩壓力，避免負面情緒累積而形成行為問題。

Point 6
選梳子也有學問？
長毛短毛各有所需

透過梳毛的舉動，不只可以適當去除貓咪身上的髒汙，**更可以讓貓咪感受到宛如貓媽媽愛撫及舔舐般的親密感，提升貓咪對飼主的情感。**而因應貓咪毛髮長度不同，梳子也有不同的設計及類型，例如中長毛及長毛貓適合使用針梳；短毛貓適合使用橡膠梳等，可依據貓咪的需求來挑選。

Point 7
選擇適當的外出籠，讓貓咪安心出遊

外出籠並非越大越好，過大的外出籠不只會因為重心不穩而難提，更會讓籠內的貓咪到處滑動而飽受驚嚇；反之，過小的外出籠也會讓貓咪無法動彈而感到焦慮、害怕。

最適當的外出籠大小為**貓咪體型的 1.5 倍左右，貓咪能自由地在籠內站起、轉身，又不會因為被提著走而感到不適。**平常可將外出籠打開擺放在家中貓咪休憩的場所，內部擺放一些零食、玩具、貓咪的毛毯等，吸引貓咪平時使用，增加對提籠的信任感，減少外出時的焦慮。

醫生這麼說

讓兩隻以上的貓咪塞在同一個籠子內，並不會彼此互相慰藉，反而會讓原本已處於焦慮的貓咪們更加緊迫，甚至引發一連串的行為問題，例如攻擊、噴尿等。因此，挑選適當大小的外出籠非常重要。

貓主人的家庭作業

1. 依照本章所述，購買適合家中貓咪的生活物品。
2. 每天抽空十五分鐘與貓咪玩耍。
3. 短毛貓每個禮拜要梳一次毛；長毛貓則兩三天要梳一次，若是換毛期間，則建議再增加梳理的頻率。

危險物品篇

家裡很安全，貓咪養在家中不會有危險吧？

貓咪會自己去找牙線、迴紋針來玩，就是用手玩玩而已，應該不會發生什麼意外吧？

那個東西看起來好像是小蟲子，不知道可不可以咬看看呢？

　　某天晚上，飼主小莉急忙地將她的貓咪牛奶糖抱進我們動物醫院，小莉表示牛奶糖不知為何突然不斷地吐血跟拉血，經過緊急檢查後發現，牛奶糖吞了一條將近三十公分的牙線。由於牙線非常堅韌難以扯斷，在腸道的蠕動拉扯下，竟然將牛奶糖的腸道扯斷，貓咪已回天乏術……

▌貓醫生的病歷簿

- **徵狀**　牛奶糖誤吞牙線，導致腸道截斷。
- **問題**　小莉忽略了居家環境中的危險因素，不幸發生憾事。
- **處方**　妥善收納居家環境中的六大異物和五大毒物，貓咪開心飼主也安心。

©Tom Roeleveld / @flickr

杜絕六大異物 ＋五大毒物

由於天性使然，貓咪對於紙袋、塑膠袋、橡皮筋、牙線等，幾乎都無法抗拒，玩得不亦樂乎。但一不小心，就會發生跟前述的牛奶糖一樣的憾事。**尤其是塑膠袋及相關製品，幾乎是每隻貓咪的罩門，在臨床上也常見貓咪吞食塑膠袋。**無論如何，當家中有貓咪時，應該將以下可能引發意外的物品收妥。

1. 牙線
2. 棉線
3. 橡皮筋
4. 迴紋針
5. 窗簾拉繩
6. 圖釘等尖銳物

巧克力害死貓？
您的甜蜜，喵的負擔

 巧克力

巧克力對貓咪是有毒的，因為其中含有可可鹼，可能導致貓咪嘔吐、腹瀉、發熱、癲癇發作、昏迷，甚至死亡。

🚫 洋蔥和大蒜

洋蔥和大蒜都會導致貓咪中毒，主要是 N-propyl disulphide（正丙基二硫化物）這個成分，會破壞紅血球造成貓咪貧血。就某方面來說，洋蔥比大蒜更毒，但還是要注意別讓貓咪接觸到這兩樣東西。雖然貓咪天性不會吃它們，但由於許多人類食用的肉製品（如嬰兒食品等）中都可能添加，在餵食前，請務必仔細檢查食品的成分說明。

🚫 未成熟的番茄及馬鈴薯

番茄和馬鈴薯皆屬於茄科（Solanaceae）植物。茄科植物一般都含有毒生物鹼，尤其未成熟或發芽的馬鈴薯含有高量有毒生物鹼，不只會引發貓咪中毒，人吃了也一樣會中毒。因此，吃之前必須確認此類植物已完全熟成或煮熟，絕不餵食貓咪吃未煮熟的才是上上策。

🚫 葡萄

葡萄會導致貓咪中毒。特別注意葡萄乾也是葡萄做成的，要避免讓貓咪吃到這些東西。

🚫 咖啡因

任何含有咖啡因的產品都會讓貓咪中毒。咖啡因會使貓咪的神經系統亢奮，並引起顫抖、嘔吐或腹瀉。

以上是日常生活常見會讓貓咪中毒的食品。其實還有許多人類的食物會引起貓咪中毒，但種類極為繁多，無法一一列載。**一旦貓咪發生嘔吐、腹瀉、發燒、嗜睡、抽搐或癲癇等中毒症狀，請在十二小時內將貓咪連同吃入的食品一起帶到動物醫院，方便獸醫師診治，避免更嚴重的併發症。**

貓主人的家庭作業

1. 妥善收好六大危險異物，因為貓咪很會鑽，務必要放在貓咪無法打開的櫃子裡。
2. 將貓咪不能吃的食物寫清楚，貼在冰箱上或其他顯眼的地方，不只提醒自己，也可以提醒同居的家人。

貓咪不是很愛乾淨嗎？
為什麼會亂大小便？

　　KIKI 是一隻活潑、聰明的短毛貓，年紀約十月齡的她，活像上緊發條的玩具，永遠有發洩不完的精力。不僅如此，KIKI 更是有上演不完的笑料，每天家裡都有新鮮事，是個天生的開心果。

　　直到有一天，飼主發現家裡的盆栽不知道被誰搞亂，土壤全被挖出來灑了一地，盆栽內的植物也被弄得亂七八糟，但這還不是最糟糕的。在清理的過程中，飼主意外發現盆內埋藏了為數不少的貓大便。而當她氣沖沖地跑去找家裡的頭號嫌疑犯 KIKI 時，卻發現 KIKI 仍乖乖地蹲在她的貓砂盆中。飼主苦惱地看著這位搗蛋鬼，不知道怎麼會這樣？人前正常使用貓砂盆，背地裡卻又偷埋大便。

▎貓醫生的病歷簿

- **徵狀**　KIKI 背著主人在盆栽裡大小便。
- **問題**　因為飼主在家時，KIKI 都會乖乖用貓砂，所以很難及時發現問題。
- **處方**　KIKI 雖然會用貓砂，但卻不願意去用。這類貓咪的排泄（行為）問題通常與家中的環境、貓砂及貓砂盆有關。

養貓的好處就是貓咪會自己去
貓砂盆上廁所，所以貓砂盆擺在
哪邊都沒關係吧？

那個貓砂盆擺在好不方便
的地點，每次想上廁所都要
「翻山越嶺」，好累喔！

導致貓咪排泄行為問題
的兩大主因

你家的貓咪也跟 KIKI 一樣，人前人後兩個樣嗎？

造成貓咪排泄行為問題的因素非常多，然而飼主們通常是不明就裡地發脾氣，不知道貓咪為什麼亂大小便，也不知道如何處置這個行為。我曾看過不少人訓斥貓咪，並嘗試把貓咪架回案發現場，讓貓咪知道自己幹了什麼好事。**其實這種作法完全沒有好處，不僅無法達到教導目的，更會讓貓咪對飼主及排泄這件事情產生恐懼聯想。**

造成貓咪在錯誤地點上廁所的原因，主要分成下列兩大類：

● 生理問題

有許多疾病會讓貓咪產生不當的排泄行為，例如便祕、胃腸道疾病、肝腎功能受損、下泌尿道症候群等，這些疾病通常也會導致貓咪在排泄時出現疼痛、喊叫的現象，甚至頻尿、血尿、排尿無力等情形。

這類問題通常具有「長期性」及「復發率高」的特性，若未及時處置，可能引發嚴重的生理危害。另外，年老的貓咪也可能發生類似問題，例如失智、骨骼關節疾病、神經系統疾病等，皆有可能導致排泄行為問題。因此，當貓咪有不當排泄行為問題時，請盡速將貓咪帶至動物醫院檢診。

● 行為問題

依照貓咪排泄的地點與量的多寡，可再細分成標記環境的「標記行為」及在錯誤位置上廁所的「不當排泄行為」。「標記行為」的排泄量少且多處分布，甚至會噴灑

在牆上，此行為通常與貓咪發情、爭奪地盤，或是戶外有其他動物干擾有關。同時可能伴隨著嚎叫、攻擊、亂抓家具等行為，貓咪藉此宣揚領土及權威。根據統計，此行為以未節育的公貓比例最高，母貓其次。而須注意的是，已節育的公貓仍有百分之十的機率出現噴尿標記的行為，已節育的母貓則為百分之五。

「不當排泄行為」則與之相反，通常只在少數特定區域排泄，而排泄量也較多。此行為則可能與貓砂盆、貓砂，或是貓砂盆的擺放位置有關。

貓奴大檢測！
為什麼愛貓有排泄行為問題？

　　貓咪不像狗，於人類馴化過程中改變很多，其外觀及行為仍然跟祖先「非洲野貓」有許多相似之處。因此，有不少貓咪無法完全適應人類建造的水泥叢林及室內生活，進而引發一些行為問題，例如困擾許多飼主的「排泄行為問題」。若你正為貓咪排泄行為問題所困擾，請先自我檢視下列幾點：

☐ **1. 貓砂盆是否又臭又髒？**

　　遇到髒亂噁心的廁所，多數人是寧願忍住不去上，忍不住就另外找地方，貓咪也一樣。

☐ **2. 貓砂盆擺放的位置正確嗎？**

　　多數資料顯示貓咪會因為討厭或害怕「某個地點」，寧願不去使用貓砂盆，就如同我們不敢去使用看起來鬧鬼的廁所一樣。

☐ **3. 貓砂跟貓砂盆選對了嗎？**

　　有人喜歡蹲式馬桶，有人喜歡坐式，貓咪也一樣。每隻貓咪喜好的貓砂材質都不同，有些貓咪甚至分得很細，例如尿尿只喜歡尿在紙砂上，大便只使用礦物砂等。

☐ **4. 貓咪是否有偏好的排泄地點？**

　　不只貓咪，其實人也常常這樣，就像去公共廁所，有人偏愛挑最裡面的隔間，有人會挑選靠外的隔間。貓砂盆放在貓咪喜歡的位置，比放在方便飼主清理的位置更重要。

5. 家中是否有新成員、新寵物？

只要飼主跟貓咪相處的方式跟以往不同，有些無法適應的貓咪便會感到緊迫、焦慮，進而影響排泄行為。另外，家中貓咪互動的情形也會影響。

6. 貓咪是否有分離焦慮？

有些貓咪不當排泄的行為只發生在飼主出門的時候，飼主在家時就沒這些問題。

7. 最近家裡環境是否有改變？

除了大規模改變，例如裝潢、搬家等，家中新添家具或是改變家具擺放位置，也會影響貓咪的心理。

8. 住處附近是否有其他貓咪？

外在因素也會導致貓咪行為改變，尤其是沒有節育的貓咪。最常發生的情況是野貓在附近遊蕩，家貓只好利用噴尿來警告其他動物這個家是她的領地，不要貿然接近。

9. 貓咪小時候有學過正確的排泄行為嗎？

不少貓咪從小就與母貓分開，沒機會學習正確的排泄行為。

以上因素皆有可能導致貓咪排泄行為問題，但也有不少情況是貓咪生病所導致。因此，當貓咪有不當的排泄行為時，請先將貓咪帶至動物醫院檢診，以確保貓咪健康。

五招拯救不合格貓廁所，
貓咪不再亂尿尿！

　　在臨床的經驗中，**約有 80% 左右的貓咪行為問題（攻擊、嚎叫、焦慮等）都伴隨著排泄行為問題，若再仔細分析排泄行為問題，又可以發現有將近 70% 以上都是因環境及飼主的行為所造成的。**更有不少比例，從原本單純的行為問題，演變成貓咪的下泌尿道症侯群（Feline Lower Urinary Tract Disease，FLUTD）。為什麼會這樣，我們必須先了解一下貓咪在大自然中的排泄習性，才能了解室內造成的問題。

　　有許多人認為養貓比養狗方便，不外乎是因為貓咪在室內懂得使用貓砂盆如廁，不需帶至戶外大小便。然而事實上，貓與人相處已有數千年，而貓砂是直到一九四八年才出現的「現代物品」。在早期，多數飼主並沒有讓貓咪完全待在室內生活的概念，大多是讓貓咪自由地到屋外排泄，除非不得已，才讓貓咪在室內使用灰燼、泥土或砂等，做為掩蓋排泄物的替代品。因此室內貓砂及貓砂盆的建立跟選擇，是人與貓都還在學習的事項。

貓 醫生這麼說

市面上的貓砂盆有許多不同的大小及樣式，要判斷哪種形式較適合貓咪使用，必須先了解上廁所對貓咪來說是很私密、且每天都要做的行為，所以當你在挑選相關用品時，請以貓咪的角度來看待這件事。

Point 1
貓砂盆的大小以
喵能轉身為原則

　　在 p.72 曾提到，挑選好的貓砂盆基本原則。請記得要讓貓咪能自由地在貓砂盆內轉身活動，所以最適當的貓砂盆大小為貓咪體長的 1.3 倍左右，避免讓貓咪使用時有狹窄不便的感覺。然而，貓砂盆並非越大越好，也必須考慮到家中是否有幼貓或行動不便的老貓。若有，則建議使用邊框較淺或是「凹」字型的貓砂盆，方便貓咪出入使用。

Point 2
有蓋比較不臭？
透氣通風才重要！

若家裡長期使用的貓砂盆是有蓋子的，請把蓋子拆了吧！

　　或許大家會對於這個要求充滿疑問。一般人認為，有蓋的貓砂盆有許多優點，例如砂子不會撥得滿地都是、排泄物的味道不會飄散出來……等，但在飼主考慮這些問題的同時，請將頭探進那個有蓋子的貓砂盆內（可事先把排泄物清理乾淨）呼吸約十秒鐘，就會了解嗅覺比人類優秀數十倍的貓咪，對於有蓋貓砂盆的想法。有蓋貓砂盆就像是密閉、空氣不流通的流動式廁所。雖然市面上有許多不同樣式可供挑選，但考慮到貓咪的排泄行為，我仍建議使用無蓋、透氣性良好的貓砂盆。

Point 3
再來一盆！
喵就乖乖上廁所

貓砂盆的數量建議比貓咪數量多一個，原因跟前面所述理由相同。

在大自然中，貓科動物為了躲避天敵及標記地盤，多會配合周遭環境將糞便跟尿液分開掩埋。即使家中的貓咪備受呵護，生活在沒有天敵的環境，家貓們仍保留了貓科動物的天性，會將糞便跟尿液分別埋在不同的位置。若家中只有一個貓砂盆，貓咪也將大小便排放在同一個地點，僅代表貓咪願意忍受，但排泄行為問題還是有可能隨著時間累積而爆發。骯髒的貓砂只會讓貓咪卻步，尤其在貓砂盆數量不足的多貓家庭中，其他貓咪的排泄物及氣味會讓一些弱勢貓咪不敢使用。

Point 4
礦砂還是木屑砂？
喵喜歡最重要

市面上的貓砂種類很多，各有優缺點，但在挑選貓砂時，還是要以貓咪的使用習慣為主，而非飼主個人的喜好或想法。若貓咪已習慣使用某種類型的貓砂，但飼主逼不得已必須更換新類型貓砂時（例如礦物砂轉用木屑砂），請注意避免一次全面更換，而是採用新舊砂混和的方式，逐步增加新砂比例，減少舊砂，讓貓咪漸漸習慣新砂。同時，飼主應該準備另一盆舊型的貓砂供貓咪選擇使用，若貓咪不願使用新貓砂，就不要強迫貓咪使用。

　　貓咪排泄是非常隱私的行為，並非家中任何區域都適合讓貓咪做為上廁所的地方，尤其是**人來人往的走道，或陰暗、潮濕、吵雜的地點，都不適合擺放貓砂盆。**另外，若家中有任何動物或是人會在貓咪如廁時去干擾她（例如在多貓家庭，或是家裡的狗），就可能造成貓咪害怕而不去使用貓砂盆。

以牙還牙？
貓咪的報復行為其實在示好

每次我在診所處理貓咪的排泄行為問題時，不少飼主都會驚訝地告訴我：「原來貓咪亂大小便不是因為記恨啊？」我們對貓咪有許多迷思跟誤解，其中最常聽到的大概就是貓咪懂得「報復」。

最常聽到的故事都是：飼主因為貓咪調皮不乖而處罰了貓咪，過了一陣子後，發現貓咪不知何時在被窩、衣褲等處尿尿（或大便），導致飼主更加生氣，而貓咪亂尿尿或大便的行為則再度上演，形成一個無法擺脫的惡性循環。究竟為什麼會這樣呢？

貓咪是一種非常依賴氣味來辨別所處環境及對象的動物。她們透過磨蹭的方式將自身氣味標記於居住環境及其他動物身上，藉此來加深對環境及彼此的熟悉。這個舉動就像我們在一些交際場合，透過交換名片來加速對彼此的認識一樣。

飼主貓小捲 / 貓咪金剛

當飼主對貓咪發脾氣時，貓咪通常無法理解飼主生氣的原因，只感覺到你現在非常可怕及生疏。**貓咪想與你重修舊好，比起一般的磨蹭動作，更積極、快速的方式就是將含有自身氣味的排泄物沾染在有飼主氣味的物品上，以達到氣味和諧的狀態。** 當貓咪發生排泄行為問題時，請避免以下常見的錯誤處理方式：

1. 透過懲罰的方式來回應貓咪亂大小便的行為，例如斥喝、打罵。
2. 強迫貓咪去聞排泄物，甚至將排泄物沾在貓咪的鼻子上。

貓 醫生這麼說

排泄行為對貓咪而言是很自然的反應，不當的懲罰只會讓貓咪更害怕排泄，進而引發更嚴重的生理疾病及行為問題。

貓主人的家庭作業

1. 重新檢視貓砂及貓砂盆，是否為貓咪喜歡的材質、款式，以及數量是否足夠？
2. 貓砂盆的位置會不會人顯眼？請設置在隱密的地方。
3. 貓砂盆會臭嗎？每天早晚各一次，定時清理貓砂。
4. 若是改善了環境，貓咪依然有排泄行為問題，請及早帶貓咪就醫。

貓砂一定要天天清嗎？
我家的貓咪好像不介意……

　　貓咪辛巴和飼主阿良生活在一棟別緻的小公寓內。因為工作關係，阿良常會有一兩天不在家。因此，每當阿良要出遠門，便會事先將辛巴的食物、水、貓砂準備多一些，以備不時之需。久而久之，既使阿良不需在外過夜，仍習慣先將貓咪的食物及水事先準備好許多份，尤其是貓砂，而且阿良會等貓砂的量已不足以將排泄物掩蓋起來，才連同糞便及砂一起倒掉，就這樣過了幾年也都相安無事。

　　直到某一天，阿良再度因為工作隔了一天才回家。但他一打開門，便被屋內慘不忍睹的情況給嚇呆了。原本乾淨典雅的小客廳，現在則有為數不少的糞便藏在白色的絨毛地毯中，而餐廳散發著刺鼻的尿騷味，往餐桌底下一看，才發現辛巴在那邊尿了幾攤。阿良不可置信地看著辛巴，再看著如同往常已「八分滿」的貓砂盆，沒有任何異樣。辛巴靜靜地蹲坐在阿良腳邊，睜著她那對又大又圓的眼睛，好像這一切都沒有發生過。

▌貓醫生的病歷簿

- **徵狀**　原本乖乖用貓砂盆的辛巴，突然開始隨地大小便。
- **問題**　飼主阿良清理貓砂盆的方式不對，辛巴忍了幾年，行為問題終於大爆發。
- **處方**　貓砂盆除了要早晚清理，還要定時更換貓砂、清洗貓砂盆，才能給貓咪真正乾淨的廁所。

或許不少飼主跟案例中的阿良有同樣想法，認為貓砂盆多準備幾個、貓砂裝滿一點就夠用，等到全部髒了再換。因為有些貓咪很能忍耐，所以剛開始相安無事，但等到哪天行為問題爆發，就很難導正，預防勝於治療，建議大家還是養成勤勞清貓砂的好習慣。

清理貓砂盆有三寶：
水洗、日曬、小蘇打

由於貓咪是晨昏性動物，生理時鐘讓他們通常在清晨及黃昏兩個時段進食，並在進食不久後就會去上廁所。因此，考慮到貓咪排泄的頻率，以下幾點基本維持貓砂盆清潔的原則請大家遵守：

1. 一天至少清理兩次貓砂盆。
早晚各一次，避免排泄物及汙垢累積。目前市售貓砂盆多為塑膠材質，塑膠材質容易因貓砂造成刮痕，進而導致排泄物等髒汙蓄積，不容易清除。

2. 一個月完全清理一次貓砂盆。
將舊砂全部倒出，使用熱水、無特殊香味且溫和的清潔劑來清洗底盤，並拿去曬太陽殺菌。而在清洗期間，必須準備其他的貓砂盆，避免貓咪無法如廁。

3. 撒上小蘇打粉，降低臭味常保空氣清新。
待貓砂盆清洗完畢，再換上新的貓砂，可添加三分一的舊砂和三分之二的新砂，以保留貓咪自身的氣味。若在盆子底部撒上小蘇打粉，除臭的效果很不錯。若貓砂盆刮痕多、老舊，建議更換一個全新的貓砂盆，避免貓咪發生排泄行為問題。

另外，因為貓咪的排泄物有特殊的氣味分子，只有貓咪聞得到，容易沾附在貓砂及貓砂盆上，如果貓咪有排泄行為問題，導致排泄物氣味長期依附在其他家庭環境當中，而貓咪又是透過氣味來認識居住環境及場所，就會將沾染排泄物氣味的地點當成上廁所的地點。若該氣味沒有完全清除，貓咪就會永遠在同一地點排泄。**排泄物的氣味分子使用一般的清潔劑、漂白水較難完全清除，可試試市面上寵物用品公司針對貓咪排泄行為問題推出的專用清潔用品，有效分解貓咪的排泄氣味分子。**

貓砂盆不是垃圾桶，
切忌滿了再倒！

遇到髒亂噁心的廁所，多數人是寧願忍住不去上，忍不住就另外找地方，貓咪也一樣。在大自然中，若貓咪發現原先的地點已有太多的排泄物，通常會選擇其他地點排泄，木能地避開透過糞尿為傳播途徑的傳染性疾病。而家貓沒有太多選擇，才會造成所謂的排泄行為問題。

我常遇過許多飼主將貓砂盆當成垃圾桶使用，滿了再倒，這種貓砂盆對貓咪而言，就像是排泄物快滿出來的馬桶，感覺非常不舒服。因此造成貓咪不願再使用如此骯髒的貓砂盆，轉而在其他隱密的地點排泄。

貓 醫生這麼說

排泄行為問題在眾多的貓咪行為問題當中，算是較難快速導正的問題。當貓咪已習慣在其他地點排泄時，即使將貓砂盆清理得再乾淨，要矯正貓咪的排泄行為也需要一定的時間。依據統計，當貓咪發生排泄行為問題時，前一個月內尋求正確的管道及方式來處理，完全改善機率將近百分之百，問題拖得越久則越難改善。

學上廁所篇　貓咪上廁所需要教嗎？不是準備好盆子就會上？

多多是一隻漂亮、有著一對圓滾滾大眼睛的虎斑貓。她從小就在戶外流浪，直到約兩歲才被人收養。即使她從小流浪，但個性依舊非常的親人，且非常溫柔、貼心，也很喜歡與家人及小孩互動，不調皮搗蛋，玩遊戲時更懂得拿捏力道。但唯一讓全家人頭痛的是，多多似乎不懂得如何使用貓砂盆，她每次都在陽台的小花圃裡面排泄。若是天氣太冷，或是家人忘記打開通往陽台的門，多多便會在廚房的角落大小便。家人嘗試了許多方法，但似乎都不見成效，讓人非常困擾。

▎貓醫生的病歷簿

- **徵狀**　多多不會使用貓砂盆，試了許多方法教她，都不見成效。
- **問題**　多多因為兩歲以前都在外面流浪，不習慣室內環境，即使被收養，仍然尋找類似野外的環境上廁所。
- **處方**　雖然已經錯失學習的黃金期（四～五週齡），還是可以透過幾個步驟，教多多學會用貓砂盆。

貓咪不是天生就會用貓砂盆嗎？
怎麼還是會拉在其他地方？

貓砂盆的東西觸感好奇怪，那個
東西是拿來幹嘛的？我不想摸到，
也不想在那裡上廁所……

教貓咪在正確地方上廁所這麼做！

掩蓋排泄物是貓咪的天性，貓咪的排泄習慣及貓砂盆學習過程，並非如一般大眾所認知，都是從母貓身上學會的，反而有較高的比例是與貓咪幼年時期的生活環境有關。

正常情況下，幼貓通常在四～五週齡時學習用鬆軟的材質來掩蓋糞便，然而有部分像多多一樣的浪貓，因為從小身處環境的關係，排泄地點除了在巷弄間的水泥地上，更多是在花圃、草叢、樹下。久而久之，便難以了解人造廁所貓砂盆的意義及功能，進而選擇在其他「熟悉」的材質上排泄。因此，若想幫助貓咪正確使用貓砂盆，有幾個簡單的方法可以進行：

Step1. 挑選適當的貓砂盆，並擺放在正確的位置

關於如何挑選適當的貓砂盆及擺放位置，可參考前面的內容。這邊必須特別注意的是，由於貓咪成長的速度非常快，幾乎所有幼貓都會在短短數月內成長為成貓的體型，因此應該挑選一個較大的貓砂盆，以及貓咪容易跨入的外型，例如「凹」字型的貓砂盆就比較恰當。若貓咪是領養來的，則可挑選與前任飼主相同款式的貓砂盆及貓砂，讓貓咪更快融入新家。

Step2. 在正確的時機將貓咪帶至貓砂盆內

飼主應該讓貓咪在想要排泄時接觸貓砂盆，讓貓咪了解那個東西是上廁所的地方。例如在貓咪小睡過後、遊戲結束不久、剛吃飽飯，或是任何你認為貓咪想上廁所的時機，將貓咪帶至貓砂盆內。即使貓咪沒有排泄的意願，仍可讓貓咪了解這個地方有鬆軟的材質可以埋藏排泄物；這個地點乾淨、有隱私，可以放心地排泄。

Step3. 用貓咪自己的氣味標示貓砂盆

藉由氣味標示，貓咪將家中分成「貓餐廳」、「貓廁所」及「貓遊戲間」等數個區域。因此您可以利用這項特性，將貓咪少許的排泄物擺放在貓砂盆裡，讓貓咪建立起貓砂盆是「廁所」的概念。

Step4. 適時獎勵貓咪，嚴禁任何形式的處罰

當你發現貓咪主動地踏進貓砂盆內，即使沒有任何排泄動作，仍應「立即」給予稱讚、撫摸，或是少許貓咪喜歡的食物來獎勵她，讓貓咪對貓砂盆保持良好印象；若貓咪仍排泄在貓砂盆以外的地點，請謹記絕對不可處罰貓咪，任何形式的處罰都不可以。因為貓咪無法了解被處罰的原因，反而對這項正常的生理需求產生恐懼，造成貓咪憋尿，進一步引發嚴重的後果。

Step5. 常保貓砂盆清潔，讓喵留下好印象

當貓咪開始願意使用貓砂盆後，請務必保持貓砂盆清潔，避免排泄物堆積，以防止貓咪對貓砂盆產生厭惡感。如同前面所述，貓砂盆一天清理兩次，早晚各一次，並定期將貓砂全部鏟出來，清洗、曝曬，避免貓砂盆底部孳生細菌。

貓主人的家庭作業

1. 準備適當的貓砂、貓砂盆，貓咪可能不會立刻去使用，千萬不要處罰她。
2. 在適當的時機，帶貓咪去貓砂盆，即使沒有真的上廁所也沒關係。
3. 貓咪若是主動去了廁所，請立即獎勵。
4. 貓咪學會使用之後，請務必定時清理，留給貓咪好印象，繼續使用。

貓咪為什麼總要抓家具？是故意要惹人生氣嗎？

　　小芳的貓咪 LALA 從不使用貓抓板或貓抓柱。即使小芳努力嘗試使用各種不同類型的產品，LALA 仍是興趣缺缺，寧願去抓客廳的沙發及木製餐桌的桌腳。小芳看了簡直心在淌血，卻又無可奈何。

　　當然小芳也嘗試過各種不同矯正方法，例如朋友建議她將貓咪喜歡的木天蓼粉末灑在這些用品上，吸引貓咪去使用。但 LALA 依然無感，僅將木天蓼粉末舔乾淨後便離開。小芳也嘗試過在家具表面貼上雙面膠帶，希望阻止 LALA 去抓。但過沒多久，LALA 就無視膠帶的存在，抓得不亦樂手。小芳前前後後買了將近數十個貓抓柱及貓抓板，最後都成了家裡的路障，除了擋路、積灰塵之外，毫無用武之地。

▍貓醫生的病歷簿

- **徵狀**　LALA 很愛抓家具，飼主用了各種方法，就連買了貓抓板也阻止不了她。
- **問題**　買了貓抓板卻用錯方法，導致 LALA 的行為問題無法解決。
- **處方**　了解貓咪「抓」的動機及天性，才能用對方法、拯救家具。

真的是氣死我了，明明家裡有買貓抓板，但貓咪就是不用，寧願抓我的沙發！

抓沙發你們才看的到呀！貓抓板擺在那麼不顯眼的地方，要抓給誰看？而且那個貓抓板抓了老半天都抓不出痕跡來，很沒成就感耶！

無痕家具不是夢！
三祕訣讓喵愛上貓抓板

　　貓咪為什麼要抓家具？就像前面提到的 LALA 一樣，應該有不少養貓人都有這個困擾，飼主可能買了一堆貓抓板／柱，貓咪卻不領情，堅持抓家裡的家具，而你唯一能做的只有視若無睹。而這點也讓許多喜歡貓咪的人士望之卻步，不敢飼養貓咪。貓咪真的是天生的破壞狂嗎？即使她會使用貓抓板，仍然會破壞家具嗎？在我們談貓咪「亂抓」的行為以前，必須先了解為何貓咪要抓？抓這個動作對貓咪有什麼意義？

1. 磨爪： 抓的動作可將貓咪老舊爪磨除，露出內部新爪。
2. 舒壓： 貓掌有許多氣味線體，透過抓可釋放貓咪費洛蒙，減緩焦慮。
3. 宣告領土： 留下抓痕帶有「私人領土，請勿隨意進入」的意思。

　　「抓」是貓咪的天性，通常在五週齡時會出現。此動作可以幫助貓咪舒壓、宣告領土，在多貓的環境中，此行為更顯重要。除此之外，抓也是非常好的伸展動作，可以幫助貓咪伸展筋骨。不少貓咪在睡醒後第一件事情就是抓貓抓板，做做起床操。然而，不少貓咪對貓抓板／柱無感，寧願去抓家具，這通常是因為貓抓板的擺放地點、材質及擺放方式有問題。

Point 1
喵就是要排場，
夠顯眼才值得抓

　　若飼主習慣將貓抓板擺放在不起眼的小角落，貓咪通常顯得興趣缺缺，認為抓了

也沒人會注意到。因此，考慮到貓咪抓的行為包含了展現權威、標記領土、展現自身健康狀態、起床後的伸展動作等目的，您應該將貓抓板擺在醒目的位置，或是靠近貓咪睡覺休憩的地點。若貓咪原本有亂抓特定家具的習慣，可以將貓抓板／柱擺在被亂抓的家具旁，引導貓咪使用而不去破壞家具。

每隻貓咪喜歡的手感都不同。在野外，貓咪多半喜歡抓材質較柔軟的樹幹，例如軟木。當然很難在室內準備一棵樹讓貓咪抓，因此在材質的選擇上，應該盡量避免那些號稱「堅固、耐用」的物品，選擇好抓、易留痕跡的材質。除了市售產品，也可使用麻繩、瓦楞紙、廢棄的地毯、布料等，自製適當的貓抓用品。

有的貓咪喜歡順著貓抓板的紋路，從水平方向抓；有的貓咪則是喜歡逆著貓抓板的紋路，從垂直方向抓。每隻貓咪的習慣都有些微不同。另外，也有貓咪喜歡站起來抓，有的則習慣四腳趴在貓抓板上抓。因此，擺放貓抓用品時，可以多嘗試幾種不同的擺放方式，藉此了解貓咪的使用習慣。

導正貓咪行為要有耐心，切記勿處罰

除此之外，在貓咪習慣亂抓的地方貼上雙面膠也有嚇阻效果。由於貓咪通常不喜歡黏黏的觸感，所以飼主可利用雙面膠貼在貓咪常抓的地方，讓貓咪厭惡該物體，轉而使用適當的貓抓板。須注意的是，雙面膠帶因為容易沾黏灰塵，通常一兩天就不黏了，**因此應該每一兩天就更換一次，持續至少四～六個月讓貓咪習慣。**

要解決貓咪亂抓的行為，最佳的方式是提供正確的貓抓板讓貓咪使用，並檢視家裡原有的貓抓用品是否擺放在正確的地點？選用的材質是否滿足貓咪的需求？因為抓是一個習慣行為，貓咪較難在短時間內改正。**依據貓咪的品種、性別、個性、年齡等不同，此行為導正平均至少需要四～六個月以上的時間。** 因此，在幫助貓咪調適的過程中，請耐心陪伴及適時鼓勵，引導貓咪習慣使用適當的物品，且禁止對貓咪施以任何形式的處罰，以避免產生新的行為問題。

飼主小壁虎 / 貓咪小ㄋㄟ

愛喵，就不要傷害她！
形同斷指的去爪手術！

　　我仍不時聽到部分飼主因為對貓咪亂抓的行為不知所措，導致貓咪遭受嚴重的虐待、霸凌，例如長期將貓關在籠內、只要發現貓咪亂抓就打她等。**這些方式不僅無法改善問題，更讓貓咪對抓這個行為產生不必要的恐懼、焦慮，進而引發許多行為問題。**然而，還有更糟糕的做法，就是飼主在不明就裡的情況下，讓貓咪進行所謂的「去爪手術」。

什麼是去爪術？

　　人類手指的第一節指骨砍掉。**據統計調查指出，有約 35% 的貓咪在術後發展出其他行為問題，例如愛咬人、焦慮、自殘等。**目前已有許多西方國家立法禁止施行去爪術，除非貓咪手掌有腫瘤、感染創傷等不得已的情況，否則施行該手術是違法的行為。

　　然而，這也使得另一種手術：「肌腱截斷術（Tendonectomy）」，成為貓咪去爪的替代方案。該手術原意是藉由將控制貓爪的肌腱切斷，讓貓爪無法隨意伸出，便不需截斷貓咪指節，但沒想到，施行該手術的貓咪因為無法控制爪子，導致貓爪部分伸出、部分隱藏，造成貓咪在遊戲或攀爬時，因為無法控制爪子而產生嚴重撕裂傷或其他傷害。

　　因此，貓咪若有抓家具或其他不適當物品的行為，請尋求專業的行為治療師協助，不要透過錯誤的方式讓情況更加惡化，或在無意間虐待了你的愛貓。

貓主人的家庭作業

1. 購買瓦楞紙或是麻繩製的貓抓板／柱，記得要材質軟、易留痕。
2. 將貓抓板／柱放在顯眼的地方，尤其是貓咪經常抓家具旁邊。
3. 嘗試不同擺放的方式、方向，找出貓咪最順爪的方式。

©Stephen Woods / @flickr

Chapter 3

與愛貓溝通無障礙

從撫摸、遊戲、訓練，
和貓玩出好感情

　　有很多人認為，只有狗兒可以訓練，貓咪個性鮮明更別想要訓練她們了！其實貓咪是一種非常聰明且擅長學習的動物，只要有耐心，透過循序漸進的方式，一樣可以讓貓咪逐漸變得有教養、好脾氣，更讓飼主與貓咪的感情加溫，互動更親密。

Q9　貓咪也可以跟狗狗一樣訓練嗎？

　　梅梅是一隻活潑好動的小貓，非常喜歡趁飼主小光不注意時偷襲後腳跟，或是玩遊戲時抱住小光的手又踢又咬。雖然梅梅現在的力道不大，不至於讓人受傷，但隨著她的年紀增長，體型跟力氣也隨之倍增，小光擔心總有一天梅梅的行為會讓人受傷。

　　因此，小光嘗試使用各種方式想制止她的行為，例如：當梅梅咬人的時候就反咬回去、用水槍噴她、彈鼻子跟耳朵、打屁股、裝哭大叫等，這些方式非但沒有讓梅梅放棄攻擊人，更造成梅梅開始會對小光哈氣，並刻意躲開她，變得比以前疏遠。這過程讓不只小光覺得無能為力，心情上更是難過……

▌貓醫生的病歷簿

- **徵狀**　貓咪調皮搗蛋不守規矩，用盡各種處罰方式都沒效。
- **問題**　用不當的教育方式造成貓咪怕人，人也討厭貓咪。
- **處方**　學習正確的互動方式，不只可以教養出乖巧的貓咪，更可增進人貓之間的感情。

貓咪教育大禁忌：
以牙還牙，以暴制暴！

多數人從小藉由父母、師長的教導，學會認識周遭環境以及與人、事、物互動。但多數貓咪沒有那麼幸運，**她們多在社會化完成以前便被迫離開貓媽媽，導致缺乏與同儕、其他動物及人的互動相處經驗，因此感到不熟悉及恐懼，進而引發許多行為問題。**

貓咪是天生的獵人，無論學習或遊戲，有許多行為都是透過「咬」來達到互動的效果。然而，缺乏完善社會化的貓咪，就有可能藉由咬人來與飼主互動，希望獲得注意。我不時會聽到飼主間討論「如何教導貓咪不要咬人」的方法，其中有不少讓我非常頭痛，例如：

🚫 以牙還牙！貓咪咬我，我就咬回去！

🚫 貓咪咬我，就把手塞進她的喉嚨裡，讓她感到不舒服。

🚫 壓制住貓咪，不讓她跑走並以言語怒罵，達到精神攻擊的效果。

🚫 再養一隻比她凶的，讓她了解誰才是老大！

🚫 以暴制暴！貓咪咬我，就彈她鼻子、耳朵，甚至是打屁股（通常用這類方法的人，都宣稱自己有「控制好」力道）。

🚫 使用萬金油或綠油精等讓貓咪厭惡的氣味，讓她自動避開。

這些做法都讓我替貓咪擔心不已，**尤其是萬金油跟綠油精，其中含有樟腦跟薄荷等成分，對貓咪來說都有毒，不可不防。**到底我們對貓咪的教育及應對，該採取什麼樣的方式，才能確保貓咪的身心健康與安全呢？在我們詳談貓咪的教育方式以前，我想先問飼主一個問題，希望大家能思考後做出正確的選擇：

Q：小明是一個活潑好動的三歲小孩，老是喜歡用打鬧的方式吸引爸爸的注意，
　　但小明偶爾會表現得太過激烈，甚至造成爸爸的困擾，請問爸爸用下列哪
　　種方式來回應小明比較適當？

A. 小明只要一吵鬧，爸爸便斥喝怒罵小明。
B. 把小明關在房間或是廁所，等他不哭鬧了再放出來。
C. 小明怎麼打鬧爸爸，爸爸就怎麼打鬧小明。
D. 無視小明的打鬧，等他安靜下來再陪他玩，並稱讚小明「安靜」的行為。

透過遊戲、獎勵與
忽視，幫助貓咪社會化

　　就行為來看，三歲的小明其實跟貓咪很像，但我不時會聽到貓友分享「當貓咪咬你時，就咬回去」這種看似玩笑的做法，而且還有不少人支持，不禁讓人擔心。

　　這行為對貓咪而言，跟出手打她沒什麼兩樣，是非常不恰當的動作。即使認為模仿得非常像母貓教訓小貓，但我們的外觀跟行為舉止都不是貓，體型更是比貓大了數倍以上，任何不當的舉動，除了可能造成貓咪受傷外，更可能讓貓咪心生恐懼，從此再也不信任我們，並引發新的行為問題。

教出好脾氣貓咪
的 4 大鐵則

面對貓咪的不當互動方式（如喜歡攻擊人跟動物），我們應該從貓咪的行為及生理層面著手改變，轉移這些不當行為，而非隨意攻擊貓咪。因此關於貓咪的基本教養原則如下：

Point1. 已讀不回

就像有人用粗魯無禮的方式希望獲得回應一樣，最好的做法就是不予理睬！同樣的道理也可套用在貓咪身上；當貓咪用不當方式（如突然咬人）與你互動時，請務必按捺住，不要放聲大叫、大跳，試著把貓咪當空氣忽略不理，並視情況離開貓咪身邊，至少三十分鐘以上。

Point2. 適時獎勵

當貓咪表現出較適當的行為時（例如不咬人，而是用較溫和的磨蹭來吸引你的注意力），飼主應該立即給予回應跟獎勵，鼓勵貓咪的行為。讓貓咪了解這個方式才能獲得注意與回應。

Point3. 嚴禁任何形式的打罵處罰

當貓咪做出任何我們不想要的行為時，打罵責罰只顯示我們對這件事情無能為力，並無助於解決問題。以貓咪的邏輯來看，她們無法理解你生氣的原因，只覺得你很恐怖，無法再信任你，要是有其他選擇，貓咪會逃離你的身邊。

Point4. 恆心跟毅力

當你選定與貓咪的互動方式跟獎勵時機時，應該將規則跟目標確立，絕對禁止朝令夕改，避免貓咪混淆。在過程當中，最好是全家人能一起遵守、參與，避免貓咪將不當行為轉移至其他人身上。

這四個原則都必須持之以恆，要改變貓咪的習慣並非一朝一夕可以達成，但在過程中，你會發現貓咪逐漸變得有教養、好脾氣，更讓飼主與貓咪的感情直線加溫，互動更加親暱。對了，前面關於小明的問題，答案我選 D，大家會選擇哪個呢？

 # 善用響片訓練，貓咪也能乖乖聽話

什麼是響片訓練？響片訓練是一種訓練技巧，其基本原理是透過使用訊號與獎勵結合，讓受訓練的對象了解其行為是正確的。這種技巧，能讓人與動物間建立一個直接的溝通橋梁，不需要透過第三者的協助，就可以了解雙方的需求及回應。

響片訓練並非如傳統印象中教動物雜耍把戲，而較像是一個遊戲行為。這項簡單易學的技巧早期多運用在海豚訓練上，後來逐漸使用於訓練貓咪，效果好得驚人，大家可以試著將這項技巧運用在家裡的貓咪身上。

讓貓咪將響片與喜歡的零食聯想在一起，聽到響片聲就知道可獲得零食。

透過遊戲、獎勵與忽視，幫助貓咪社會化

當你開始跟貓咪進行響片訓練時，有幾項重點必須掌握：

1. 訓練課程必須保持「好玩」的氣氛，絕不可以有負面口氣或處罰。每日訓練時間以 10 ～ 15 分鐘為準，但主要還是依貓咪的情況，來判斷是否要進行訓練，不可強迫貓咪配合。

2. 在訓練過程中，必須找出吸引貓咪參與的「動機」。一般來說，「動機」以「獎勵」的形式較佳，而貓咪喜好的獎勵多半是食物、撫摸、讚美、貓草、玩具等。

3. 使用專一、獨特的訊號及裝置讓受訓者容易辨識，可使用響片、按式原子筆或小型閃光手電筒等，作為訊號來源。

4. 在給予指令及獎勵之前，先呼喚貓咪的名字吸引貓咪注意。

5. 通常最佳的訓練時機是貓咪肚子餓的時候，對訓練的參與度非常高。

6. 最好的訓練地點是安靜、不受干擾的房間。

7. 最初的訓練可從基本的口令動作開始，例如過來、坐下、不要動等。

8. 所有的訓練過程皆要由手勢及口令互相搭配，例如「躺下」的口令就搭配「手向下指」的動作。

9. 一次教一種口令就好，不要強迫貓咪在短時間內學習太多不同口令。

10. 在訓練期間，身邊可隨時備妥零食及響片，以便即刻強化貓咪的行為反應。

11. 注意按響片的時機，避免不小心強化貓咪的不當行為。

12. 訓練過程必須保持耐心，當貓咪做錯時千萬不可責備。當貓咪做對了指令，立即給予獎勵，即使只做出一小部分，例如指定貓咪坐在箱子裡面，剛開始貓咪只要腳碰到箱子即給予獎勵，不可以延遲。

當貓咪熟悉訓練之後，請遵守以下原則：

1. 當貓咪的行為「定型」後，每次呼喚、溝通便不再需要獎勵。
2. 學會的行為不會忘，但是會不熟悉，記得適時幫貓咪複習。
3. 課程難度可以不斷提升，讓貓咪挑戰過後獲得更大的成就感。
4. 記得將訓練切成許多分段性的行為，再將行為組合起來，例如替貓咪剪指甲的行為，就可分成先讓貓咪習慣被握住手，再擠出第一個指甲、剪掉第一個指甲……以此類推。
5. 絕不吝嗇給予獎勵、鼓勵。
6. 若貓咪在訓練數次後開始表現懶散，則停止訓練課程。
7. 若貓咪對先前訓練的行為表現出不熟悉或是忘記，請將訓練課程回到最初的步驟。
8. 貓咪是非常重視規律的動物，每日固定的訓練課程是必須的。

貓主人的家庭作業

1. 制定每日訓練課程表，包含時間、基本訓練項目等，並按表操課。
2. 其他時間也要注意觀察貓咪的行為表現，並隨時給予獎勵。

胖胖是一隻非常活潑好動的小公貓，大約兩個月大時，因為貪吃而被黏鼠板黏住，好在及時被人發現，經過現任飼主的照顧，胖胖長成一隻漂亮又討喜的貓咪。雖說胖胖從小好動，喜歡用嘴巴東咬西咬，不時叼著小布偶、拖鞋等東西跑來跑去，而且咬人也不是那麼痛，頂多輕咬一下便鬆口，所以飼主一直不太在意。

直到胖胖十個月大時，開始會趁飼主在家裡走動時突然衝出，咬飼主的後腳跟，咬一口立刻逃跑，惹得飼主哇哇大叫。除此之外，胖胖也對窗外的鳥叫聲非常在意，幾乎是一聽到窗外傳來鳥叫聲，便會撲窗去抓鳥，讓飼主很擔心胖胖會因此墜樓，因此幾乎不敢在家裡開窗，只維持小小的縫隙透氣。而每當晚上飼主睡覺時，胖胖還會突然撲咬她的腳趾頭；若飼主關起門、將胖胖趕出臥室，她便在門外嚎叫、撞門持續到天亮，讓飼主徹夜未眠，也連帶影響到周遭鄰居的生活品質。

▌貓醫生的病歷簿

- **徵狀** 胖胖不只會咬人，還會撲窗、嚎叫、撞門，讓主人頭痛不已。
- **問題** 胖胖社會化不佳，不知該如何適當與主人互動，才會出現咬人行為。
- **處方** 每天陪胖胖遊戲，用適當的玩具吸引她注意，並獎勵正確行為。

我的貓咪什麼玩具都不喜歡，就只喜歡咬我，聽說貓咪長大後就不會亂咬人，為什麼我的貓不是呢？

家裡的環境好無聊，沒有小鳥也沒有老鼠可抓。看來看去只好玩人類，偶爾偷襲她一下，看她嚇得哇哇大叫好有趣！

貓咪發動攻擊
是為了自保，而非報復

　　貓咪的行為問題，在我臨床經驗中，攻擊行為占了約 40%，僅次於排泄行為。每次在我實際與這些憤怒的貓咪見面前，光看飼主傳過來的照片，真的很難想像這些毛茸茸的小傢伙竟是家中的猛虎，就像胖胖一樣，外表像天使，行為卻讓人心生畏懼，又不知所措。

　　通常在這些「恰北北」貓咪因為攻擊人或其他動物導致嚴重問題之前，飼主大多採取置之不理的態度，認為只是貓咪個性的問題。事實上，貓咪並不會因為心懷惡意而主動攻擊人類，也沒有所謂的報復心態。當貓咪出現主動攻擊行為時，有幾種可能：

1. 受到威脅

　　攻擊行為是出於極大的恐懼且退無可退的時候，不得已才採取的手段，也就是貓咪周遭的環境或人類對她造成威脅，被迫採取自保的方式。

2. 生理疾病

　　有些貓咪會不明就裡地攻擊人，多半是因為潛藏性的生理疾病。

3. 捍衛領土

　　在大自然中，攻擊行為與貓咪能否在該環境中存活有關，尤其與領土保衛、捕獵、配偶爭奪、護幼等行為密不可分。

　　有些貓咪會在攻擊之前，出現毛髮豎立、低鳴、折耳、嚎叫、拱背等警告訊號；有些貓咪則毫無預警便發動攻擊。無論是哪一種，當家中貓咪長期展現攻擊行為時，就應該帶貓咪至動物醫院進行檢診，以避免潛在性的生理疾病。

看懂貓咪憤怒
表情 3 階段

第一階段

貓咪警戒中,但未感受到威脅,僅將目光緊盯著
警戒對象。

第二階段

貓咪感受到威脅,進而產生防衛動作。在出手攻
擊前,有些貓咪會先露出牙齒並發出哈氣聲作為
警告。此時貓咪的瞳孔會因受刺激而放大,鬍鬚
跟背毛豎立,拱背、尾巴夾在胯下及將耳朵往後
折等。

第三階段

準備攻擊的貓咪,與較為被動的防衛動作有些不
同。這類型的貓咪因為採取主動攻勢,除了發出
低鳴、豎起毛髮及將耳朵往後折之外,與防衛中
的貓咪相比,其瞳孔變得較細,也沒有明顯的拱
背姿態。

　　在確定貓咪身體健康無虞,其攻擊行為與生理疾病無關後,便可依照行為發生的
原因來對症下藥,主要可分為下列幾項:

遊戲性攻擊行為

貓咪在成長階段會透過遊戲練習捕獵技巧。在大部分家庭中，因為缺乏小鳥、小老鼠等獵物，因此，貓咪選擇將其他會移動的物品當作替代的狩獵對象，例如飼主的腳踝。至於為什麼貓咪大多選擇攻擊人的腳踝，而較少攻擊其他部位？或許跟貓咪的天性有關。在大自然中，不少貓科動物（如獅子）在追捕獵物時，都會先攻擊獵物的腿部，讓獵物倒地、無法逃跑，再給予致命的一擊。同樣的邏輯，貓咪在家中攻擊你的腳踝，雖然無法讓你倒地，卻也可以嚇得你哇哇大叫，讓貓咪獲得狩獵的成就感。

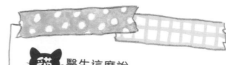

貓 醫生這麼說

遊戲性攻擊行為約在貓咪十～十二週齡開始出現，並在約十四週齡時，藉由與同儕貓咪打鬥遊戲，來確立自己在團體中的社交地位。若家中缺乏同年齡的貓，或其他玩伴，貓咪便會把攻擊對象轉移到飼主身上。

飼主必須重視貓咪的遊戲性攻擊行為，因為人並沒有像貓咪般鬆軟的皮毛，即使貓咪沒有傷害人的意圖，人依然很容易在遊戲過程中被貓咪抓傷或咬傷，甚至導致傷口嚴重感染。貓咪的遊戲性攻擊行為是出自天性，若用斥喝、打罵等處罰回應她，除了可能造成貓咪受傷外，更會讓貓咪心生恐懼，並對遊戲失去興趣。因此，當貓咪出現不當的遊戲行為時，可以這麼做：

1. **請保持冷靜，不要大叫大跳，減少貓咪「狩獵」的成就感及樂趣。**
2. **使用釣竿型羽毛玩具轉移貓咪的注意力，讓她盡情享受模擬狩獵遊戲帶來的樂趣。**

地盤性攻擊行為

　　貓咪的**地盤性攻擊行為與資源爭奪有關**。對在外闖蕩的貓咪而言，為了確保休憩地點及食物而大打出手是家常便飯，勝利的一方享有資源，敗者則離開此地。**若該地的資源足夠（例如有人固定餵養），則地盤性攻擊行為的發生頻率就會降低；反之，若資源有限，則會提高攻擊行為的發生率**（例如當地只有一隻母貓發情，公貓們則會為了爭奪交配機會而大打出手）。

　　貓咪的地盤主要可分為三區：

1. 核心區是指安全無虞的環境，貓咪可將該場所視為主要的活動據點。
2. 居住區則包含貓咪的活動據點及周邊鄰近地區。
3. 狩獵區則為貓咪獲取食物的地點。

　　在野外，一個狩獵區內通常有許多貓咪在其中生活，但由於貓咪是單獨狩獵的動物，因此若有兩隻貓咪在同時間進行捕獵，就會因爭奪獵物而發生打鬥。

　　這種攻擊行為不只發生在屋外，也會發生在室內，尤其是多貓家庭。同一環境中的貓咪數量越多、越密集，就越容易發生攻擊行為。雖然地盤性攻擊行為大多以同類為對象，但事實上，無論人、狗、貓，皆有可能

成為該攻擊行為的受害者。而家貓爭奪的地盤，可能大到像是飼主的臥室、客廳；也有可能很小，如陽光照射的窗台、飼主的枕頭或是某張沙發等，讓人不明就裡的區域。

貓咪之間並無明顯的階級制度，反而比較像是機會主義者。只要貓咪所需的資源充足，身強力壯的貓咪並不會霸占家裡全部的資源，而是只取自己所需並獲得滿足即可。因此，若家中貓咪出現地盤性攻擊行為，請先檢視家中的狀況：

1. 檢查是否每隻貓咪都有自己的睡窩、貓砂盆、碗盤等，不須跟其他貓咪共享。
2. 弱勢貓咪是否不須經過強勢貓咪的地盤，便可使用這些生活用品。

若情況許可，可將貓咪的物品分開放在不同的房間（包含專屬的貓砂盆），且分開餵食。在容易發生打鬥的地點，可在周邊製造一些可供貓咪躲藏的空間，好讓貓咪在危急時有避難所可逃。同樣的概念也可運用在幫助新貓適應環境，透過緩和、漸進的方式讓新舊貓咪認識彼此，以及避免不熟悉或是關係緊張的貓咪直接接觸。

恐懼性攻擊行為

對貓咪而言，可以逃的話，誰要打架？

迫於先天的生理結構，貓咪的攻擊能力是比上不足，比下有餘。因此貓咪受到威脅時都是立即開溜，逼不得已才還手。換句話說，恐懼性攻擊行為屬於被動性的攻擊行為。**貓咪的行為動機並非為了侵略或占有，也與狩獵遊戲無關，她之所以表現出攻擊行為，僅因為她受到威脅且無處可逃，攻擊是最逼不得已的手段。**

依據威脅的輕重程度，貓咪的行為表現可分成四種：

1. 坐立不安

貓咪由於緊張而不時舔舐理毛，甚至腳掌出汗、張嘴喘氣。

2. 僵住

貓咪因為太過緊張，導致四肢僵硬，完全不敢移動；這種現象常在動物醫院或寵物美容院看到。

3. 逃跑

當遭遇威脅時，若環境中的逃生動線良好或是可供躲藏的地點多，貓咪便會選擇在適當的時機逃跑。

4. 攻擊

對貓咪而言，遭遇到一定程度以上的威脅，通常是三十六計走為上策，攻擊是最逼不得已的手段。畢竟，貓咪很難確保自己在打鬥過程中全身而退。

當貓咪過度恐懼並試圖攻擊人時，會表現出肢體上的警訊，例如折耳、低鳴、咆哮、拱背、豎毛、露牙等，也有不少極度憤怒的貓咪會噴尿、排便，甚至噴灑肛門腺液。**若你知道導致貓咪恐懼的原因，在情況許可的情況下，請盡快將該誘因移除（例如吸塵器、某些特定物品等），並讓貓咪獨處冷靜。**在不當的時機試圖去安撫憤怒的貓，通常只會掃到颱風尾。若貓咪的攻擊行為是因為受傷，或任何不明原因，請迅速、謹慎地將貓咪帶至動物醫院接受檢診。

貓咪若是對人或是其他動物感到恐懼，也會出現攻擊行為，有可能與貓咪的社會化不足、長期不當的互動，或貓咪的負面經驗有關。若想要改善情況，**須用美好事物的正面印象取代貓咪的負面印象，**例如透過零食或玩具讓兩隻貓咪認識彼此等。在這個過程中必須全家人一起參與，並保持恆心及毅力，漸漸打開貓咪的心防。

126

轉移性攻擊行為

　　你是否曾在貓咪們打架後，試圖去安撫正在氣頭上的貓咪，卻被咬得滿身是傷？或是家裡的貓咪怒氣沖沖地盯著窗外的浪貓，而你稍微靠近她，就突然被抓狂的攻擊？上述這些情形，就是所謂的轉移性攻擊行為。這類型的攻擊行為就是「遷怒」。情緒被激起的貓咪，由於無法接近事發的主要目標，故將怒氣宣洩在次要目標上。這些掃到颱風尾的受害者，可能是家裡的人、較弱勢的貓或其他動物。

　　當這類情況發生時，該怎麼處理？

1. 最好的方式是讓正在氣頭上的貓咪獨自冷靜，不要強迫與她互動或試圖安撫她。

2. 若貓咪生氣的原因來自於窗外的貓，可將窗戶遮擋起來，讓貓咪遠離窗邊。

3. 利用貓咪喜歡的食物、遊戲，或噴灑費洛蒙等，來轉移貓咪的注意力，適時減緩她焦慮的情緒。

　　由於窗外的貓通常會被家貓視為地盤入侵者，因此，最好的做法是讓這些貓咪遠離家貓的視線。目前有許多市售且對貓咪安全的驅避劑，可運用在居家周圍，也有針對戶外動物入侵家園所開發的動態感應式噴水器。若是多貓家庭，轉移性攻擊常會導致原本和睦相處的兩隻貓咪突然反目成仇。當有類似情形發生時，即使貓咪們之前的關係很融洽，轉移性攻擊還是會讓貓咪對彼此的印象惡化，若放任不理，只會讓雙方的關係更加惡劣，兩隻貓是不會自動重修舊好的。

　　要解決這類型的攻擊行為，除了移除可能導致問題的原因外，飼主必須循序漸進地讓兩隻貓咪在進食、遊戲等愉悅的氣氛中，重新認識彼此，並在飼主監督下互動，可參考 p.27 說明的方法。

撫摸性攻擊行為

　　我想不少人都有撫摸貓咪，或是替貓咪梳毛時突然被咬的經驗，讓人非常不解及鬱悶，而這個現象就是所謂的撫摸性攻擊行為。

　　若家中貓咪不時出現這個行為，建議飼主帶貓咪去動物醫院進行生理檢查，以釐清是否有潛在性的病痛；另外，某些部位是健康的貓咪也討厭被撫摸地方，例如會陰、肚子等處。尤其是貓咪的肚子，想必有不少人被貓咪躺在地上、露出肚子的萌樣給吸引，想去摸看看那可愛的毛茸茸肚皮。然而，肚子是貓咪最脆弱的部位，貓咪露出肚子代表放鬆、信任，不代表身為飼主的你可以去把玩。這些貓咪不願讓人碰觸的部位，應盡量避免主動去撫摸。

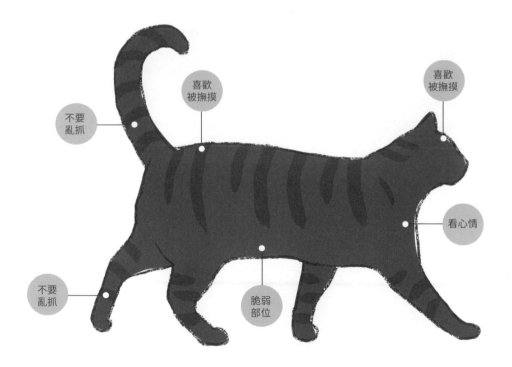

至於什麼原因導致貓咪出現撫摸性攻擊行為，這個問題仍困擾多數行為學家。目前只知道這種現象不會出現在健康的狗身上，因此僅能推測，此行為可能與乾燥的貓毛容易產生靜電有關。一些專業的寵物美容師在替貓咪梳理毛髮前，會使用梳毛專用的噴霧劑，避免在梳理過程中產生靜電，讓貓咪被靜電嚇到而轉頭攻擊人。

另一種說法，是認為貓咪被摸到不耐煩才轉而攻擊人。即使撫摸的方式跟部位是很舒服的，但同一個地方摸久了，就會變成了讓人厭煩的抓揉。不論原因為何，要避免替貓咪梳毛或撫摸時被咬，需掌握兩大重點：

Point1：仔細觀察貓咪的肢體語言

若貓咪開始甩動尾巴、折耳，甚至想避開你的手，那就代表貓咪已經不耐煩了。或許你認為這些動作很容易辨別，甚至是養貓的人都有的基本常識。但事實上，撫摸中的貓咪感到不耐煩並轉而攻擊人的轉變過程，通常比我們意料的還快速，甚至一些沒耐心的貓咪，可能尾巴才甩動一兩下就突然攻擊人。

因此，最好的方式是每次跟貓咪肢體接觸時，順便記錄貓咪每次失去耐心的時間（例如每次被摸約三十秒，喵咪就想離開或咬人），此後，每當時間快到或貓咪有任何不耐煩的跡象，就立刻停下動作，讓彼此休息一下，晚點再繼續。

Point2：增加貓咪被撫摸的意願。

若貓咪原先被撫摸約三十秒就想要離開或是咬人，可嘗試趁她快要不耐煩之前給予她獎勵（零食、貓草、玩具等皆可）。通常得到獎勵的貓咪會願意繼續撫摸而不會咬人，藉此稍微延長撫摸時間。如此便可透過獎勵循序漸進地將撫摸貓咪的時間延長。

以上述方法訓練貓咪，通常會有很不錯的效果。但過程中極需飼主耐心地循循誘導，你會發現貓咪非常聰明，知道你摸她一段時間就會給獎勵，之後便會以「等待獎勵」的想法取代「咬人」的想法，變成一隻喜歡被撫摸的小可愛。

疼痛導致
或不明原因攻擊行為

　　當貓咪被弄痛時，第一時間多半會採取攻擊的手段來迫使對方停手，這是一種出於自我保護的動作。然而，有時候可能是飼主在未察覺的情況下，撫摸到貓咪們打鬥玩耍所造成的痛處（多半是貓毛遮蓋了傷口），或是熟齡貓可能患有關節性疾病，而飼主的撫摸引發不適等。當這種情況發生時，請盡速將貓咪帶至動物醫院，檢查貓咪有無任何潛藏的病痛與傷口，並在第一時間診治。

　　除此之外，這類型的攻擊行為也常發生在幼童粗魯地拉扯貓咪的尾巴或鬍鬚，或是因不當的碰觸弄痛貓咪的情況。若有這種情形發生，建議透過布偶或是成人從旁監督，教導幼童如何正確地撫摸貓咪，與貓咪互動。

　　若貓咪常不明就裡地攻擊人或其他動物，則有可能是潛藏性的疾病所導致的問題，建議盡速將貓咪帶至動物醫院進行檢診。有許多疾病都會讓原本溫和的貓咪變得具攻擊性，且危害到貓咪的生命安全。因此，當有這類型的攻擊行為發生時，請不要嘗試自行診斷，或是上網詢問。通常拖延只會讓問題更加惡化，並喪失黃金治療時間。

©Erik Drost / @flickr

陪貓咪玩遊戲，降低攻擊或問題行為發生率

陪貓咪玩遊戲是重要的事情嗎？或許你認為貓咪每天都會在家裡暴衝，跑得氣喘吁吁，不太需要再安排時間陪她玩了吧？或是認為家裡買了一些玩具擺在那，但貓咪似乎不太有興趣，應該是貓咪不想玩遊戲等。事實上，遊戲是貓咪行為裡非常重要的一環，且與貓咪的成長及社會化發展密不可分。

貓咪都玩什麼樣的遊戲呢？我們依據貓咪的遊戲型態，主要可分為：與人及周遭動物有關的「互動遊戲」及跟環境、物體認識有關的「情境遊戲」兩大類型。

- **互動遊戲：** 透過與同儕或母貓進行「互動遊戲」，讓貓咪更了解什麼是攻擊及防衛的姿勢動作，也讓貓咪學會什麼情況該用什麼力道去咬等，而不會表錯情。
- **情境遊戲：** 「情境遊戲」則透過探索周遭環境、在環境中與貓咪的假想敵追逐跑跳，讓貓咪懂得控制跳耀的角度、攀爬所需要的力道等，肢體協調的能力。

在二月齡左右的貓咪大多活潑好動，更喜歡玩遊戲。對這年紀的貓咪而言，與母貓或是同儕幼貓玩遊戲除了獲得樂趣外，更可藉此深入觀察周遭環境的資源及危險處，學會撲抓獵物的力道，學習埋伏及攻擊獵物的方式等，適當的遊戲更有利於幼貓的生長及肌肉發展。但由於不少幼貓在這段學齡期間已與母貓分開，甚至極少有與人或其他動物接觸的機會，造成貓咪多半因缺乏完整的社會化，而習慣用錯誤的方式與人互動。

對於成貓，適當的互動遊戲具備極多的益處，除了可滿足好動的年輕貓咪一日所需的活動量，避免因環境缺乏刺激導致懶散、肥胖等問題外，更能預防貓咪因為無聊而破壞家具，或是發生攻擊行為。

遊戲的好處不只有生理上的，也能給予貓咪內在正面的情緒能量。正確的互動遊戲能提升貓咪與飼主間的感情，建立貓咪的自信心，讓膽小貓變得喜歡與人及周遭環境互動。當新貓報到時，運用遊戲及獎勵的手法，也能讓貓咪更快熟悉環境，減緩新貓加入多貓家庭時的警戒氣氛。而對於有排泄問題，或是處於恐懼、焦慮情緒的貓咪，遊戲可適時紓解壓力，有助於導正在不當地點排泄的行為，並平復遭遇恐懼後的心理創傷。

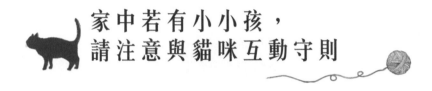

家中若有小小孩，請注意與貓咪互動守則

讓孩子了解貓咪也是家中的成員，而非可以隨意玩弄的玩具；教導孩子與貓互動、叫喚必須輕柔，過度興奮、誇張的聲音及動作除了可能引起貓咪懼怕外，更可能引起貓咪攻擊孩子。

1. 輕柔撫摸別亂扯

剛開始與貓咪互動時，教導孩子用單手撫摸貓咪，避免讓貓咪被雙手抓住而感到拘束、緊張，並告知孩子不可以拉扯貓咪的耳朵、鬍子、尾巴，尤其要禁止孩子撫弄貓咪的會陰、肚子等可能導致攻擊行為的部位。若孩子的年紀夠大，則可教育孩子觀察貓咪的肢體語言、情緒，以利與貓咪正確互動。

2. 不干擾也不攻擊

不要讓太過幼小的孩子於貓咪的貓砂盆、餵食區、睡窩等處嬉鬧，避免貓咪使用該處時受到干擾，進而引起相關行為問題。同時，教導孩子如何透過安全的互動玩具與貓咪玩遊戲，避免用玩具攻擊貓咪（玩笑性質的也不行），並讓孩子了解，貓咪在遊戲過程中獲得的成就感及開心程度並不亞於他打球或是玩遊戲。

3. 念故事給貓咪聽

禁止孩子拿某些物品來與貓咪遊玩，例如可能對貓咪視力造成危害的雷射光筆，或是可能讓貓咪誤吞下肚的迴紋針、牙線、圖釘等，不論如何，遊戲過程家長須全程參與以防發生意外。同時，建議讓正在學習識字的孩子念書給貓咪聽，因多數貓咪對於孩子稚嫩、語調偏高的聲音感到愉悅，還可以增加孩子的閱讀能力。

貓主人的家庭作業

1. 每天都要陪貓咪遊戲至少十五分鐘。
2. 每次替貓咪理毛或是撫摸她時，都記錄貓咪不耐煩的時間。
3. 盡量移除環境中會讓貓咪情緒過度激動的來源。
4. 多貓家庭請務必保持環境中各項生活資源充足。
5. 家中若有小小孩，請教導孩子正確與貓咪互動的方法。

Q11 貓咪為什麼一直舔毛？有時候我摸了她舔更兇，是嫌我髒嗎？

　　小玉是網路上的明星貓，有著一張圓滾滾的臉蛋，搭配漂亮的大眼睛，不論怎麼看都療癒感十足，受到眾多粉絲喜愛，還不時舉辦小玉見面會。但近期有眼尖的粉絲發現，小玉不只有一段時間沒有公開露面，甚至連照片也只會出現頭部，並多了一個大大的伊莉莎白頸圈，讓粉絲們擔心不已。其實是因為小玉下半身的毛都不見了！舉凡小玉的肚子、大腿、尾巴上的毛髮，幾乎都消失無蹤，飼主完全不知道為什麼會這樣，也想不起小玉是從何時開始變成這樣？不知情的人還以為小玉剃毛只剃一半。

　　飼主表示，這半年來，小玉每天一醒來，除了吃飯、上廁所，其餘時間都在舔毛，若遭制止，她便趁沒人在家，或是飼主不注意時躲到一旁繼續舔。現在小玉不只將自己舔到沒毛，連肚子都紅腫發炎，飼主用過各種方式來阻止小玉的行為，但都不見明顯成效，只能替小玉帶上伊莉莎白頸圈，避免小玉再去舔。

▌貓醫生的病歷簿

- **徵狀**　小玉舔毛舔到下半身都禿了，肚子也紅腫發炎。
- **問題**　飼主不清楚小玉過度舔毛的原因，一味制止小玉，只會讓她更想躲起來舔。
- **處方**　找出小玉過度舔毛的原因，並對症下藥。

貓咪每天都花很多時間在
舔自己的毛，舔到毛都禿了，
用任何方式阻止她都沒用……

別再舔了

不要打斷我！

轉

心情不好的時候，舔舔毛能
讓我感覺好過一點。但人類只要
看到我舔毛就想盡辦法阻止我，
甚至打我、罵我……

舔毛不只為了清潔，還可以舒壓

健康的貓咪每天約有三分之一的時間都在舔舐毛，就跟我們洗臉、刷牙的概念一樣，貓咪舔舐的行為通常是在剛睡醒或是吃飽飯後。透過貓舌特殊的倒鉤狀乳突構造，貓咪可以輕易清除皮膚上的灰塵、髒汙，並在吃飽飯後將沾染在身上的肉屑及氣味消除，避免自己的行蹤被其他獵物或天敵發現。不僅如此，當貓咪在食用生肉時，貓舌也能輕易地將骨頭及肉分開，可說是刀叉與梳子的綜合體，非常便利！但也由於貓舌的構造，當貓咪有過度舔舐的行為問題時，很容易將健康的毛髮一起拔除，造成皮膚表面的傷害。

為什麼貓咪每天要花這麼多時間舔舐自己？舔舐對貓咪有什麼重要性？在回答這些問題以前，必須先了解「舔舐」的功能及意義。

柔亮毛髮來自砂紙般的舌頭

在大自然中，有不少動物非常注重自我儀容整潔，貓咪更是其中的佼佼者。當貓咪用她那像砂紙般的舌頭進行梳理時，不只可以輕易地將藏在毛髮、腳掌間隙及貓爪

中的髒汙、寄生蟲（如跳蚤）等清除乾淨；藉由舔舐的過程，也可以舒展貓咪的毛髮，更能有效隔離冷跟熱，並將皮膚分泌的油脂均勻塗抹在毛髮上，達到防水、滋潤毛髮的功效。

當你回到家時，家裡的貓咪通常會過來迎接並磨蹭，將自身的氣味覆蓋在你身上，然後坐在一旁開始舔舐、梳理自己剛才接觸你的部位，為的是品嚐飼主及外來環境的氣味。當環境中有其他貓咪，或是其他新增的家具物品時，貓咪也透過這項標準交際步驟，快速地讓環境中的氣味達到平衡共存。

想起媽媽的溫柔，
解除焦慮和緊張

貓 醫生這麼說

由於部分貓咪不喜歡被人梳毛，所以除了挑選適當的梳理工具外，每次梳理完畢後，也請記得給貓咪一些小小的獎勵，增加貓咪被梳理的意願。

另外，舔舐也有情緒上的意義。除了讓貓咪想起幼年時期受到母貓照顧及呵護的記憶外，一些緊張、焦慮的貓咪，也會透過舔舐去除身上沾染到的厭惡氣味，並刺激皮膚上的腺體釋放自身氣味。因此，有不少貓咪在受傷或是心理上需要慰藉時，會採取舔舐的動作。

雖然貓咪善於利用舔舐達到自我清潔的功效，但仍需定期幫她梳理毛髮。適時梳理貓咪的毛髮，不只可以維持毛髮健康，減少貓咪在自我舔舐的過程中吞入過多毛髮，造成毛球阻塞胃腸道或嘔吐的現象；也有助於在換毛季節保持室內環境的清潔，不會貓毛滿天飛。幫貓咪梳理的過程中，也可觀察貓咪身上是否有跳蚤等寄生蟲？最近是否變胖或變瘦？是否跟其他貓咪玩耍打鬥而受傷？更有助於人貓間的感情提升，實在是一舉數得！

生理與心理問題造成
貓咪過度舔毛及異食癖

貓咪除了透過舔舐飼主來表現出敬愛跟交際之外，過於頻繁地舔舐或是舔舐不當的位置都會造成問題。究竟舔舐的原因為何？健康的貓咪舔舐自己不外乎是為了清理皮毛、舒壓等原因；但很不幸地，有許多貓咪因為心理或生理因素，造成不正常的行為，例如案例中的小玉。因此，我們必須先釐清問題來源，才能真正解決問題。

生理因素：
甲狀腺亢進、
貧血、腦部疾病

首先來談生理因素造成的亂舔。

根據美國防止虐待動物協會調查，若家裡貓咪突然出現亂舔物品的習慣，可能是因罹患甲狀腺功能亢進（hyperthyroidism），此現象最常發生在老年貓身上。該疾病會導致貓咪焦慮而改變原有的生活習慣，使貓咪過度舔舐自己，造成脫毛、皮膚發炎等現象，若不適時給予治療，情況會更加惡化。

除此之外，貓咪若有貧血（anemia）的問題，也可能導致貓咪出現異食癖（Pica）。患有異食癖的貓咪可能會吞咬纖維布料、舔食水泥牆壁，甚至吃下塑膠袋、泥土、貓砂、糞便等不正常的物品。除了疾病因素外，目前動物學界也認為部分貓品種（如暹羅貓）對於纖維的需求遠高於其他貓咪，造成她們異食癖的問題。最後，若貓咪大腦罹患知覺障礙等神經性問題，也可能導致貓咪亂舔食物體的行為。

心理因素：
過早斷奶或生活壓力

釐清生理因素後，我們來看一下可能造成貓咪亂舔的心理因素。通常過早斷奶的貓咪（六週齡前）會出現這個現象，其亂舔的行為類似於部分人會吸吮拇指或是咬指甲；另外，部分品種（如暹羅貓、緬甸貓、喜馬拉雅貓、阿比西尼亞貓等）特別容易出現亂舔或吸吮等不當行為。貓咪通常會透過舔舐自己或某些物品（如毛織品）來舒壓，但若壓力來源持續存在未被消除，甚至加強，那麼，貓咪的舔舐行為可能會發展成強迫症（compulsive），進而出現更多不當的行為。

飼主 Sara / 貓咪 曼尼

改善環境為優先，
五大亂舔治本妙方

該如何改善貓咪過度舔舐及亂舔舐物品的習慣呢？

在野外，一隻健康的貓咪絕對不會過度舔舐自己或其他物品。會有這些不適當的行為，主要是因為環境或飼主讓貓咪壓力無法排解造成的，有不少獸醫師建議，若發現貓咪有亂舔舐的行為，應用噴水或是大聲喝止的方式阻止她，或是給貓咪戴上伊莉莎白頸圈，阻止貓咪繼續舔舐；但此方法通常只能阻止貓咪的行為發生，治標不治本，無法有效解決問題。因此，從改善環境著手才是正確的方法，例如：

Point1. 盡可能移除環境中貓咪不正常吞食的物品，例如貓咪喜歡吞咬塑膠袋，就將塑膠袋製品收妥，避免貓咪取得。

Point2. 增加生活環境中的躲藏地點，讓貓咪焦慮時有避風港可躲。

Point3. 每日固定與貓咪互動遊戲來舒解壓力及焦慮，並適時轉移正在舔舐的貓咪的注意力。

Point4. 在家中增建貓爬台、貓抓板、餵鳥台，避免貓咪因無聊而舔舐。

Point5. 嚴禁以任何形式處罰貓咪不當的行為，應適時鼓勵貓咪停止舔舐，這過程極需飼主的耐心引導及陪伴。

> ### 貓主人的家庭作業
>
> 1. 找出貓咪過度舔舐或吞吃異物的原因，並加以排除。
> 2. 將貓咪習慣吞食的異物收妥，不要讓她取得。
> 3. 看到貓咪舔毛就用玩具等吸引她的注意力，並陪她遊戲。

Chapter 4

讓愛貓安心的
老年陪伴

日常照護、夥伴離去時
的正確面對

　　天下沒有不散的筵席，尤其貓咪的平均壽命比人類短許多，當愛貓逐漸進入老年生活時，生活起居上的照護需要適時調整，主人也需要先做好心理建設，如果有一天，貓咪離去時，我們該怎麼辦呢？

Q12 愛貓漸漸老了，該如何給她安心的老後？

　　叮噹兩個多月大的時候在垃圾桶內攀爬、哭嚎，好在及時被善心人士發現救出。當時瘦巴巴的小貓，在飼主細心的照顧下，現在已壯碩得像隻小老虎，即使年過十四歲，她那充滿光澤的皮毛跟活力讓人看不出她的高齡，除了定期健康檢查之外，叮噹也鮮少因為生病上動物醫院。

　　但最近飼主發現，叮噹的外觀跟行為有些怪怪的，又不太像生病，例如叮噹原本很注重自我清潔，但最近不知為何，看起來總是有些邋遢，身上老是有一些要脫落的毛或是髒東西，需要飼主花更多時間幫忙清理；另外，叮噹也常常在家裡來回踱步，不知道在找什麼。從前叮噹只有肚子餓的時候才會對飼主叫，現在即使剛吃飽飯不久，也會跑去空碗旁邊嚎叫，讓人不知所以然。不僅如此，叮噹的個性也有些改變，原本她是一隻活潑黏人的貓咪，但最近總是躲在衣櫃中，或待在床底下不願出來。更讓人擔心的是，叮噹從小到大不曾在貓砂盆以外的地方上廁所，但最近卻偶爾會在廚房的角落小便。這種種改變讓飼主非常擔心，究竟叮噹是怎麼了？

▌貓醫生的病歷簿

- **徵狀**　叮噹不論行為、個性、外觀都有了些改變，但又不像是生病。
- **問題**　叮噹其實是年紀大了，開始出現一些退化造成的行為問題。
- **處方**　配合叮噹的行為改變，將家中環境做一些調整，讓叮噹有個舒適的老後。

當貓小孩變成貓奶奶
或貓爺爺的七大行為徵狀

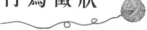

以人的角度來看，真的很難習慣不久前還是小小孩的貓咪，在短短幾個月內成熟長大，然後又不知不覺地步入熟齡期，成為貓爺爺、貓奶奶。隨著年紀增長，貓咪的身體功能也漸漸衰退，並出現一些類似人類的老年問題，如貓認知障礙（Feline Cognitive Dysfunction, FCD），會導致貓咪的神經元及神經鞘出現退化性的疾病，類似人類的阿茲海默症（俗稱老年痴呆症）。

根據研究統計，十一～十五歲之間的貓咪，約有 55% 的機率罹患貓認知障礙，而十六～二十歲的貓咪，罹患機率則提升至 80%。認知障礙通常會讓貓咪的整體表現大受影響，諸如學習能力、記憶力、視覺、聽覺等，都出現衰退的現象。更嚴重者，會在家裡迷路，找不到食物、貓砂盆的位置，或是忘記已經吃過飯，甚至是睡眠習慣改變，導致貓咪對環境感到壓力、焦慮，並出現嚎叫、攻擊、排泄等行為問題。

家裡的貓咪是否罹患認知障礙？可透過下列幾項特徵來初步檢視：

1. 話變多，更愛叫

這現象不代表貓咪變得更愛找你聊天，而是反應出貓咪可能出現空間迷失、在家裡迷路的現象。她可能是找不到食物、水在哪邊，或是找不到貓砂盆，因而感到焦慮恐懼。此外，也可能是貓咪聽力下降的表徵，貓咪因聽不清楚自己跟周邊的聲音，進而將自己的音量轉大。而當貓咪罹患關節炎，或其他部位產生疼痛時，也可能導致貓咪嚎叫。

2. 日夜顛倒的睡眠模式

原先跟飼主一起就寢的貓咪，可能會變成白天熟睡，晚上失眠，在家裡到處遊蕩。主要是因為貓咪的視覺、聽力隨著年紀衰退，導致他們睡到一半想起來吃東西、喝水或上廁所時找不到位置，或是花更多時間在白天睡覺，晚上爬起來到處逛。此外，部分貓咪會因為憋不住，乾脆在附近方便的地點排泄。當有這個問題時，除了可透過獸醫師使用藥物改善外，也可在家中多設置幾個吃飯、喝水的地點，並增加貓砂盆的數量。

©Ryuichi IKEDA / @flickr

3. 容易感到困惑，在家裡迷路

飼主會觀察到貓咪在家裡來回踱步，像在找什麼東西。主要是因為貓咪在家裡迷路了，一時之間找不到吃東西、上廁所的地點。當貓咪有這類型的問題時，除了盡量避免家中擺置變動，以防貓咪在家中迷路之外，也可嘗試讓貓咪待在一個房間內活動，並在房間四周準備適量的食物、水及貓砂盆，讓貓咪可以迅速找到需要的物品。

4. 在家中隨意大小便

除了因為在家裡迷路找不到貓砂盆外，若貓咪患有關節性疾病或其他潛在性的疼痛，則可能導致貓咪在抬腿進入貓砂盆時感到不適，而選擇在其他地點排泄，而不使用貓砂盆。對此，除了增加貓砂盆的擺放點並尋求獸醫師的協助外，也可將貓砂盆改成單側較低的「凹」字型盆，讓貓咪容易出入。

飼主貓小卷 / 貓咪黑妹

5. 個性轉變

貓咪的個性可能隨著老化而出現一百八十度的大轉變，例如原本冷漠的貓咪，可能變得黏人，或是出現類似分離焦慮的情形；而原本黏人的貓咪，則可能變得冷漠、喜歡躲藏，不喜歡與人互動。遇到這種情況時，請讓貓咪順其自然，勿勉強貓咪與你互動。

6. 沒精神，食欲降低

貓咪可能變得不愛自我梳理，外觀顯得邋遢、油膩，也可能常常兩眼無神的望著遠方發呆，無論如何，當貓咪出現這種情形時，請立即帶至獸醫院進行診療。除了老化，貓咪罹患一些嚴重疾病時，也可能會有類似的情形產生。尤其是喪失食欲、過度飢餓，會導致貓咪罹患脂肪肝及其他致命性的疾病，不可輕忽！

7. 無端出現攻擊行為

由於貓咪的視覺、嗅覺、聽覺等皆隨著年紀增長而衰退，對於周遭的感知能力降低，導致貓咪比起年輕時，更加容易被「突然」侵入地盤、睡窩的人或動物嚇到，進而自我防衛做出攻擊的動作。因此，**在面對較年邁的貓咪時，請保持輕聲細語，用溫柔的語調跟動作互動，若貓咪對你的聲音沒有反應，再逐漸加強，避免突然嚇著他們。**另外，對於較容易緊張的貓咪，您也可以在環境中使用費洛蒙，以適時減緩焦慮的情緒。

雖然俗語説：「家有一老，如有一寶。」但當貓咪出現異常行為時，千萬不可抱持著「她只是老了」的想法。熟齡貓可能不只出現神經性退化，也可能罹患關節相關疾病或其他潛在性的疼痛，進而導致貓咪的異常行為。因此，必須帶貓咪至動物醫院進行檢診，確認問題根源，並與醫師討論透過適當的醫療或其他方式，幫助貓咪維持生活品質。

貓主人的家庭作業

1. 注意貓咪的作息及個性是否改變？
   若有，請盡快帶至獸醫院檢診。
2. 若貓咪只是單純年紀大了，沒有生病的問題，請適當改變家中環境，幫助貓咪度過愉快的老年生活。

©wapiko / @flickr

Q13 如何幫愛貓走完 生命中最後一段路？

我人生中的第一隻貓叫做阿豬，她在我還是獸醫系學生時，從學伴手中輾轉來到我們家裡，成了我的家人。阿豬是一隻三花白底的金吉拉，個性非常乖巧、害羞、敏感，叫聲也細細的，非常溫柔，從來沒有什麼調皮搗蛋的行為，所以即使我們全家人都沒有養過貓，也非常適應她的存在。在我記憶中，阿豬不太黏我，倒是喜歡黏著我母親，母親也因此將她視為家中唯一的小女兒疼愛。

或許是我身為獸醫師的關係，導致我對阿豬的健康輕忽大意，也因此，我從未想到阿豬會這麼突然地離開我們。

關於阿豬過世的消息，是我在回國的途中得知的。仍記得那天從機場回家的路上，接駁車上的乘客並不多，因此當我聽到電話那頭傳來的噩耗時，我獨自走到車子最後排的座位，忍著不哭出聲。無法想像，當打開家門時，已看不到她那小小身影坐在門口迎接……

▌貓醫生的病歷簿

- **徵狀** 愛貓突然離去，一時間難以接受，除了哭泣不知道能做什麼？
- **問題** 面對愛貓的突然死亡，感到不知所措。
- **處方** 從養貓的那刻開始，應盡量做好心理準備，有一天她們會提早離去。

我好擔心貓咪總有一天
要離開我,如果沒有她
我該怎麼辦?

這一生中有人疼愛,
在生命的最後有人陪伴,
其實是非常幸福的事。

當愛貓離去時，
該如何面對？

原先以為，對獸醫師而言，時常面對狗兒、貓咪的離世，或多或少對於「寵物死亡」這件事情都有些麻木。但沒想到，在面對阿豬過世時，不只我們一家人都受到極大的打擊，也讓我陷入看似無盡的悲傷深淵。

家中各個角落都是阿豬的生活足跡，我無法不去想她，也無法習慣家裡少了個成員。因此，那段期間，我以為這輩子除了工作，再也無法飼養其他貓咪了。更對自己當時忽視阿豬的身體健康而深深自責，並有著一股無處宣洩的怒火。

我了解貓咪的壽命比人類短暫，但卻無法接受這個事實。原以為阿豬的離去，只讓我留下無限遺憾及自責。隨著時間過去，我發現事實並非如此。

跟過去的我相較起來，我成為一個更稱職、更有耐心的飼主，也成為一個更細膩，並懂得學習及觀察的獸醫師；這些都出自我對阿豬的遺憾及愛。我開始了解，當貓咪離開時，她選擇留給我們的絕不是悲傷，而是將原先蓄積於她身上愛的能量，藉由我們擴散至其他人、事、物上。她們天生懂得愛，也懂得將愛擴散開來。她讓你成為一個更好的人。

我們都有必須跟貓咪說再見的一天。當這天來臨時，需要做好心理準備，也許會感到無力、焦慮、難過，甚至是憤怒。若你感到悲傷，可以跟親朋好友或是心理諮商師傾訴，也可尋求網路上同樣是喪失寵物的人或相關團體幫助。此外，也可透過運動、

聽音樂，看看相關書籍，讓自己的心強壯起來。不要將所有的情緒悶在心裡，要適時宣洩。貓咪讓我們學會去愛跟感受，並不希望飼主陷入悲傷與憤怒。

　　在那天來臨之前，請好好珍惜，並感謝貓咪在你身邊的每一天。透過她們的陪伴，讓我們感受到最純真的愛與信賴。

©dupo-x-y. / @flickr

154

別讓貓小孩孤獨無依

你是否曾想過，當飼主比貓咪先離開人世時，她們該如何是好？是否有事先規劃，當無法繼續待在貓咪身旁時，她們是否能維持生活，並獲得應有的照顧？

由於貓咪的平均壽命比人類短，大部分的情況都是她們先離我們而去，但有時也會遇到一些不得已的情況，讓飼主不得已比貓咪早一步離開人世。尤其是當意外發生時，速度快得讓人措手不及，若沒有事前特別囑咐跟安排，貓咪通常會跟飼主的遺物一起歸屬於你的法定繼承人。

在不少案例中，飼主還在世時，全家人都把貓咪當成家庭的一分子，視如己出；但當飼主過世後，貓咪卻被送至收容所或其他認養家庭，被迫離開熟悉的環境。我想，這些情形都不是飼主所樂見的。

除了你的愛，我們應該給予貓咪更多無形及有形的保障：

Point1. 尋求具相關法律專長的律師協助，於貓咪在世期間，將她納入你的遺囑事項內，以獲得法律上的保障。

遺囑跟信託等事項，會在飼主過世不久後被宣讀執行。因此，事前替貓咪找到適當的委託照顧者是非常重要的。委託照顧貓咪的人數最好是兩人，一個作為主要，一個則是次要。這樣建議的原因是，當事情發生時，有人可以及時接管照顧貓咪，如果主要照護者家庭環境不方便，或是情況不允許（例如準備要出國等），還有另一位替代人士了解情況，並可將這項任務接替下來。若只有指定一位人士接下照顧貓咪的工作，事前完全沒有任何替代方案，則可能因為過程中發生變數，導致貓咪無家可歸。

Point2. 平時可以將貓咪的個性喜好、喜歡的食物、醫療紀錄、熟悉的動物醫院、生活習慣、害怕的事物等記錄下來。

愛貓的詳細記錄可協助後續接手的人，以最快速度了解貓咪的生活習慣。除了自己留一份外，也拷貝交給你的律師、指定人士，並適時地修改。

Point3. 不建議直接將一筆金額託付給貓咪的指定照顧人。

飼主無法確保那些錢是否會完全使用在貓咪身上。因此，金錢及其他有形財產，應該再跟律師討論，看是否採取託管，或是其他適合的方式去支付貓咪的生活所需。

當我們有一天必須先離開貓咪身邊時，除了留下無止境的愛，更需確保這分愛化為有形的保障，照顧無法替自己發聲的貓小孩。

貓主人的家庭作業

1. 平時多注意貓咪是否表現出生病的徵兆，以免發生遺憾。
2. 貓小孩若是離去，請記得她給您的愛，並為曾經擁有的美好時光而開心。
3. 請務必思考一下適合的委託照顧貓咪人選。

©wreckandsalvage Salvage / @flickr

Q14 失去夥伴的貓咪，也會哀傷難過嗎？

糖糖跟跳跳兩隻貓咪的感情非常好，做什麼事情幾乎都在一起。但前不久，糖糖很不幸地因病過世，導致飼主這幾天只要一想到糖糖，或是看到糖糖生前的用品，便流淚不止，幾乎天天以淚洗面。此外，跳跳則是常孤零零地躲在角落，也減少與飼主的互動、撒嬌，更不時發出「嗷～嗚」的叫聲，似乎是在思念著糖糖，並充滿不捨。

就這樣過了幾週，飼主發現跳跳食欲越來越差，甚至體重也開始下降，讓人非常地操心，難道貓咪也會因為夥伴的離世，導致過度傷心而生病嗎？該怎麼辦呢？

▌貓醫生的病歷簿

- **徵狀** 家裡有其他寵物過世，造成貓咪跟飼主同樣陷入低落的情緒當中。
- **問題** 飼主沉浸於悲傷的負面情緒，導致影響到與尚存貓咪的互動及照護。
- **處方** 盡量保持與貓咪的日常互動方式，維持正面情緒協助貓咪渡過適應期。

貓咪跟您一樣傷心，
請加倍寵愛她

「要是其他寵物夥伴過世，貓咪也會感到傷心嗎？」我曾好幾次被飼主問到這個問題。當家庭成員或是其他寵物過世時，整個家幾乎都籠罩在低迷的情緒中，而在這之間，我們最容易忽略的，就是貓咪的感受及受到的影響。

我們常將這些療癒的小朋友們視為傾訴的對象，然而，當她們遭遇巨大的轉變時，同樣也需要安慰及呵護。貓咪是非常善於察言觀色，且重視生活規律的動物。在我的臨床經驗中，**貓咪就像一面鏡子，人類的喜怒哀樂，都會直接或間接地透射在貓咪身上，並影響到貓咪的情緒及反應。**尤其飼主若長期處於焦慮、緊張、神經質等狀態下，寵物也會出現同樣的性格特徵，甚至影響生理健康。

或許大家會感到驚訝，但其實不難理解，邏輯單純的貓咪不懂得為何夥伴會消失無蹤，也無法理解飼主變得情緒低落，甚至哭泣、憤怒或咆哮。雖然目前科學尚無法證實貓咪是否了解「死亡」的意義，但對於飼主的行為及互動的改變，貓咪大多會感到迷惘及不解，更甚者，這些負面情緒會導致貓咪焦慮及壓力增加。對貓咪而言，失去夥伴所帶來的影響，並非完全是緬懷逝者的悲傷情緒，也包括夥伴過世為生活規律所帶來的變動。

在這些不安、哀戚的負面情緒影響下，貓咪可能變得更加黏人，不時嚎叫，更需要飼主的關注；也可能變得更焦慮、易怒，更愛躲藏，或是精神食欲不佳等，甚至心理問題轉變成生理問題，出現排泄及下泌尿道等相關疾病。

因此，當我們沉浸在失去寵物的悲傷情緒中時，也必須幫助其他貓咪度過這個難熬的時刻。

1. 盡量維持平日的生活規律及互動。

維持平日與貓咪互動的語調、遊戲方式、餵食時間等，並避免對著貓咪表現出如哭泣、抑鬱等負面情緒。

2. 多陪伴出現憂鬱情緒的貓咪。

可以透過增加撫摸貓咪的時間、陪伴貓咪遊戲，並適時獎勵，來鼓勵貓咪與你互動。就如同我們心情不好時，最需要的不是被指責，而是更多的關懷及陪伴。

醫生這麼說

雖說貓咪是獨居動物，但家裡有其他寵物夥伴過世，依然會對她們造成影響。即使跟過世的貓咪沒有非常親近，這些貓咪仍會因為家裡少了一個成員，造成整體的生活規律及互動上產生變動，以及氣味地盤等待重新分配的不穩定狀態。

飼主貓小捲 / 貓咪黑妹

Chapter 5

詢問度 NO.1
飼主們最想知道的
貓咪為什麼！

Q15 貓咪好想出門的樣子，可以讓貓咪自己出門玩嗎？

A：越來越多獸醫師不建議讓貓咪出門，理由無他，因為戶外環境充滿了許多潛在風險，例如對貓咪有毒性的植物、交通意外、具攻擊性的動物、惡意人士等。另外，貓咪本身也是優秀的狩獵動物，即使肚子不餓，也會主動去狩獵小動物。因此，在沒有監督的情況下讓貓咪在外自由活動，除了可能危害周邊小動物的安全外，也可能讓貓咪誤捕食帶有傳染病或毒性的小動物（如吃了老鼠藥的老鼠）。

因此，若貓咪想要外出，飼主也想陪她出門逛逛，就必須讓貓咪學會使用繫繩，並在安全、沒有有毒植物的獨立空間中活動（如家專屬的中庭花園），以確保貓咪的安全；若不想讓貓咪外出，又想滿足貓咪喜歡漫遊、運動的需求，可以從家中環境著手。因為比起家中環境是否寬廣，貓咪更重視垂直空間，只要設置貓爬架、貓跳台等，就能製造出適合貓咪活動的場所。另外，家中也可以多擺放幾個紙箱，或是使用大面積的布蓋住椅子或桌子等，供貓咪躲藏、休息使用。

Q16 當貓咪有兩個主人時，
也會偏心嗎？

　　A：當然會囉，與其說貓咪偏心，不如說貓咪在生活上比較依賴其中一個飼主。在我的看診經驗中，若家裡有兩位飼主，通常一位是扮演貓咪的「父母」，另一位則是貓咪的「室友」或「玩伴」。即使兩人輪流負責照顧貓咪，也會有一位飼主特別受貓咪青睞。原因可能是這位飼主在家中與貓咪互動的時間較長，並且負責貓咪大部分的飲食、梳理毛髮等工作，讓貓咪感覺像是幼年時期被貓媽媽照顧一樣，便容易對該飼主產生依賴感。

　　另一位飼主則可能負責清理貓砂盆、幫貓咪剪指甲、洗澡，甚至是抓貓咪進外出籠看病等吃力不討好的工作，雖然出自好意，但長期下來，貓咪便容易對該飼主產生防備感。

　　另外，基於本能，貓咪對聲音較低沉的人容易產生警戒心，因為低沉的語調會讓貓咪聯想到動物攻擊前所發出的警告低鳴聲；反之，聲音偏高且較輕柔的人容易引起貓咪的好感，因為聽在貓咪耳裡，這些聲音較接近貓咪開心或是撒嬌時所發出的叫聲。

攝影者：Emily

Q17 該如何讓貓咪不怕進外出籠？

A：貓咪之所以害怕進外出籠，主要是因為外出籠給貓咪的印象很差，老是讓她聯想到可怕的動物醫院或是寵物美容院。若要扭轉貓咪對外出籠的印象，在平日可將外出籠打開，擺在貓咪喜歡閒逛的角落或是休息的地方。籠內可放置一些舒適的小毛毯、舊衣服，以及貓咪喜愛的食物或是貓草等，吸引貓咪前來探險、打盹，並把籠子視為安全又舒適的地點。

當貓咪習慣待在籠內後，就可以嘗試將貓咪帶出門。除了動物醫院或寵物美容院，也帶貓咪去一些不那麼「可怕」的地方，例如在家附近繞一繞，或是去拜訪熟識貓咪的親朋好友。當然也可以去動物醫院跟醫生打打招呼，或是不去任何地方，僅讓貓咪待在車內習慣引擎發動聲及震動感。另外，可於出門前三十分鐘在籠內噴灑一點費洛蒙，適時減緩貓咪焦慮的情緒（由於費洛蒙噴劑剛噴灑時會有較嗆鼻的揮發氣體，貓咪在籠內時不可使用，必須等氣味揮發擴散開來再讓貓咪進籠）。

這整個過程可能需要數週，甚至數個月，因此，極需飼主的耐心及毅力來陪伴貓咪，並謹記適時給予貓咪獎勵。

©daisuke1230/ @flickr

Q18 貓咪為什麼不喜歡給人抱？

A：貓咪惹人憐惜的萌樣、與嬰孩極為相似的叫聲、大眼小鼻的五官比例，在在都驅動人類的護幼本能，不由自主地想把貓咪當嬰孩抱在懷裡好好疼惜。但事實上，人類愛的抱抱，似乎有不少貓咪不領情，不是一抱起來就想逃，不然就是想咬人。為什麼會這樣？主要是因為我們環抱貓咪的方式，多半讓貓咪感到非常沒有安全感。

肚子是貓咪最脆弱的部位，也是貓咪在打架時最怕弄傷的地方。因此，若非貓咪主動對你翻肚，而是你將貓咪的肚子翻過來朝向自己，都會引起貓咪的警戒及不悅，甚至可能攻擊。然而，若是模仿母貓拎幼貓脖子，或是抓取貓咪的前腳、僅拎著腋下等動作，都有可能導致貓咪受傷，非常不恰當。

因此，若想要抱貓咪，基本上，在手碰觸到她之前，必須先讓貓咪知道，避免她突然受到驚嚇。首先，輕輕撫摸貓咪，若她對於你的動作沒有太大抗拒或不耐煩，再嘗試一隻手放在貓咪的胸前撐住腋下，另一手托住貓咪的臀部，緩緩地將貓咪抱起，讓貓咪靠在胸前。

抱貓咪的過程中，必須仔細觀察貓咪的情緒及反應。若貓咪出現不耐煩、甩尾等，任何想掙脫的情形，請緩緩將貓咪放下，避免貓咪為了想掙脫而攻擊你，甚至是擇到地上受傷。

Q19 貓咪走丟了有辦法跟狗兒一樣找到回家的路嗎？

A：可以的。大家應該有聽過貓咪走丟後又找到回家的路的案例。但事實上，並非每隻貓咪都如此幸運。若貓咪沒有出過家門，也沒有在戶外漫遊的習慣，便難以透過氣味標記找到回家的路。

但這不代表飼主應該讓在家裡的貓到戶外漫遊，承受漫遊可能遭遇的風險。有漫遊習慣的貓咪，其活動區域非常廣大，相對遇到的風險也多，造成飼主搜尋的困難；反之，從未出過門的室內貓走失時，通常都躲藏在離家不遠的地方，相對地比較容易搜尋。

若貓咪走失，在搜尋過程中，千萬不可跑步，或是做出任何可能讓貓咪受到驚嚇的聲音或動作，避免貓咪躲藏到更隱蔽的地點。另外，請鄰居協尋也是不錯的方式，除了請她們多加留意之外，也可以請他們幫忙檢查一下家中窗台、遮雨棚等貓咪可能躲藏的地點。

此外，可透過定點餵食或是擺置誘捕籠的方式，引誘出可能躲在家附近的貓咪，並在住家窗台、門廊附近，視情況擺置一些帶有貓咪氣味的用品，引導貓咪回家。若家裡還有其他跟走失的貓咪較為親近的貓，也可將該貓咪用外出籠帶出，該貓咪的氣味或許對搜索有所幫助。

Q20 貓咪是否適合使用鈴鐺項圈？

A： 在《伊索寓言》裡，老鼠們為了躲避貓咪，而決定冒險給貓咪繫上鈴鐺。在現實生活中，人們也會替貓咪繫上鈴鐺，好知道貓咪身在何處，以及避免貓咪傷害周邊的小動物。

但是真的有用嗎？我們先來討論，鈴鐺是否真有警告其他動物的功用好了。根據研究顯示，結果頗讓人意外。動物學家們發現，繫上鈴鐺的貓咪獵捕數量不但沒有減少，反而比沒有繫上鈴鐺的貓多上許多。原因很多，可能是鈴鐺本身的音量不足以讓被捕獵的動物產生警覺，或是多數貓咪在繫上鈴鐺不久後，學會更安靜的捕獵技巧。總之，從結果來看，鈴鐺本身對於減少貓咪的捕獵沒有明顯的幫助。

那麼，鈴鐺對貓咪是否有任何影響呢？

雖然鈴鐺本身的音量不大，**但對於聽力遠優秀於人類的貓咪而言，每次活動都有鈴鐺聲響，讓不少貓咪因此感到焦慮及煩躁**，甚至有些貓咪在繫上鈴鐺一陣子後，就變得不愛活動。長期下來，這些繫鈴鐺的貓咪，便容易產生心理或生理上的問題。

此外，鈴鐺也可能造成貓咪的危險，例如在戶外活動的貓咪可能因鈴鐺聲吸引狗兒來追逐、攻擊，卻又因為鈴鐺聲而暴露行蹤，難以躲藏。項圈本身若設計不良，也可能造成貓咪下顎不小心被項圈卡住，造成嚴重的危害。

Q21 貓咪彼此打架不慎被咬傷，該怎麼處置呢？

A：貓咪在打鬥過程中，被犬齒咬穿的傷口表面看上去只是一個小洞，若貓咪本身毛髮較長，傷口甚至不容易被發現，但貓咪口腔內的細菌很多，若沒及時替受傷部位進行消毒，傷口容易感染化膿，造成非常嚴重的後果。

因此，貓咪被咬傷時，應盡速帶貓咪就醫。若當下無法前往動物醫院，可透過一些簡單的處置來幫助貓咪：

1. 請先拿一條乾淨的大毛巾將貓咪包覆起來，除了讓貓咪有安全感外，也方便飼主處理傷口，避免過程中貓咪因疼痛而出爪傷人。
2. 使用雙氧水沖洗傷口，並將傷口周圍沾黏的毛髮、髒東西等清理乾淨。若家裡沒有雙氧水，可使用溫水代替。
3. 試著將傷口周圍的毛髮剃除乾淨，確保傷口未被毛髮遮蓋或汙染。但若無法讓她乖乖被剃毛的話，就不要勉強，因為可能會再度弄傷貓咪。
4. 如果傷口滲血不止，請拿乾淨的棉布或毛巾按壓住傷口。
5. 盡快將貓咪送醫，避免情況惡化。

另外，若飼主被貓咪咬傷，也請盡快就醫。因為貓咪咬傷的傷口通常很深，不易清潔消毒，很可能造成細菌感染及蜂窩性組織炎，甚至危害性命。

© Tambako the Jaguar / @flickr

Q22 為什麼成貓喜歡做踏踏（擠母奶）的動作？

A：貓咪成年後，就不再對其他貓咪發出像是幼貓的「喵喵」叫聲，但對人類例外。原因不單是人類提供貓咪食物、住所，更因為人類在貓咪成年後仍會撫摸、梳理她們，此舉像極了幼年時期被貓媽媽舔舐的感覺。因此，當貓咪成年後，她們仍會在你面前表現出許多幼貓的行為，例如愛撒嬌、踩踏、討食、喵喵叫等。

尤其是踩踏的行為，主要來自貓咪幼年時期擠壓貓媽媽的乳房、吸吮乳汁的記憶。這個動作貓咪通常是在睡覺前進行，左、右前肢規律地輪流推揉，有些貓咪的爪子會微微伸縮，有些則完全不伸出爪子，並會伴隨著呼嚕聲。貓咪踩踏的對象，多半是柔軟的物品（例如棉被、毛毯或是飼主的肚子、大腿等）。

就像有些人習慣性吸吮大拇指一樣，貓咪踩踏的行為通常會隨著年紀增長而逐漸消失，但有些貓咪將此行為保留到成年。這也反映出，即使貓咪年紀大了，已成為貓爺爺或貓奶奶，在心理面，她永遠都是你的小小孩。

A：貓咪不懂得記恨和報復，她們只會記憶恐懼。 關於貓咪，我們有太多的成見及誤解，並習慣以人類的觀點來解釋貓咪的行為。其中最常見的例子，就是飼主處罰完貓咪後不久，貓咪便在飼主床上或是衣褲上大小便；或是每次罵了貓咪一頓，貓咪便跑去抓花客廳的沙發或是桌椅等。諸如此類的情形，讓飼主誤認為貓咪懂得記恨，並找機會報復。

若飼主選擇用憤怒及處罰來回應她們，僅表示你對這件事情無能為力，把貓咪當成出氣筒。即使表面上獲得改善，但你已讓貓咪害怕自己，以及恐懼正常的生理行為，例如因尿尿而被處罰的貓咪，在臨床上多演變成習慣性憋尿，而導致下泌尿道相關疾病。

看著貓咪受苦，甚至讓貓咪害怕人類，絕非我們當初飼養她們的目的。貓咪與你的關係，也不應該僅僅建立在讓她溫飽而已。當了解貓咪的行為後，便會發現貓咪們努力想融入我們居住的環境，總是想著如何融化我們的心。對於貓咪的行為，請試著多一點耐心及同理心，循循善誘，將會獲得貓咪最無私的回報。

Q24 當我需要外出一天以上的時候，貓咪可以獨自留在家裡嗎？

A：或許有人認為，只要準備好足夠的食物跟水，貓砂倒多一點，讓貓咪獨自在家幾天是沒有問題的。但基於風險考量，我仍建議帶貓咪去信任的寵物旅館，由專業人士照料貓咪的生活作息，或是委託信任且熟悉貓咪的親朋好友，每天定時來家裡照顧貓咪、清理貓砂、檢查家中門窗等。當你請人照顧貓咪時，最好留下貓咪需要服用的藥物或備份藥物、你跟家人的緊急連絡方式、貓咪曾去過的動物醫院等資訊，以防緊急狀況發生，並可在第一時間立即處理。

或許你認為貓咪在家大部分時間都在睡覺，很少會出什麼狀況，但以貓咪的行為能力來說，她就像是一個小小孩，若長時間沒人看顧，仍可能發生許多意外。在我臨床經驗中，許多令人心痛的案例都是出於飼主輕忽，因此建議大家小心謹慎才是上策，千萬不要覺得麻煩。

攝影者：Emily

Q25 為什麼你不理貓，她才會來黏你？

A：大家可能有過這樣的經驗，在外面遇到可愛的貓咪，想摸摸她，她卻完全不領情，甚至跑去跟其他怕貓或不喜歡貓的朋友磨蹭。

這是因為你主動接近她的行為，或是將目光放在她身上，都會讓貓咪感到威脅，尤其貓咪非常在意被「凝視」。簡單來說，就是貓咪有「非禮勿視」的概念。「凝視」這個動作包含了攻擊、捕獵等，讓動物們感到威脅的意義。一個地位高的貓咪在爭奪食物、配偶時，通常藉由凝視、威嚇來逼退地位低的貓，就像是電影中黑道火拼前，雙方互瞪、嗆聲的戲碼。

在多數家貓心裡，人類不只體型龐大具威脅感，甚至是類似父母的角色。因此，當你將目光停留在貓咪身上時，有不少貓咪會感到不自在，或乾脆把頭撇開不看你。這個現象在戶外更加明顯，通常你將目光停留在貓咪身上時，貓咪便像是被按下了「暫停鍵」般，緊張地一動也不動，伺機離開。若你想跟不熟的貓咪互動，剛開始千萬不要過度「裝熟」，興奮地想去接近她；反倒是應該無視貓咪的存在，等待貓咪主動接近你。或嘗試瞇著眼睛看她，再緩緩地把頭撇過去，避免與貓咪四目相接，並耐心地等待貓咪過來與你互動。

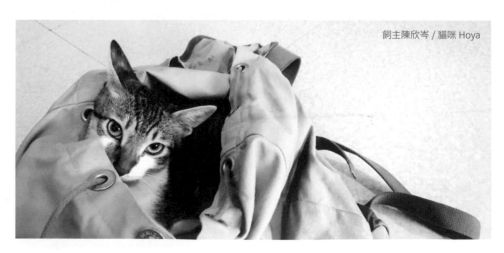

飼主陳欣岑 / 貓咪 Hoya

Q26 為什麼貓咪喜歡玩塑膠袋？

A：為什麼貓咪老是喜愛玩塑膠袋、紙袋，甚至將這類物品吃進肚子裡？正確來說，並非貓咪喜愛這些無生命的物品，而是喜歡撥弄這些物品時所發出的窸窸窣窣聲。

這些聲音在貓咪耳裡非常類似老鼠、蟋蟀、鳥類的鳴叫聲，即使從沒出過門，貓咪仍是天生的獵人，不少貓咪無法抗拒這個聲音，而被激起捕獵的天性，促使她們想要咬、玩的欲望，並磨練一下捕獵的技巧。另外，有研究報告指出，目前因應環保所製作的塑膠袋，其部分成分、氣味，會讓貓咪誤認為是食物而吞食。

無論如何，多數貓咪都難以抗拒塑膠袋的魅力，並被激起遊玩及吞食的本能。因此，要避免貓咪在過程中誤食塑膠袋，最根本的做法就是將這類物品妥善收好，避免貓咪取得囉！

Q27 為什麼貓咪會對窗外的鳥兒 發出「嘎嘎」聲？

A：或許你曾看過路上行人戴著耳機聽著搖滾樂，陶醉地在刷「空氣吉他」，貓咪也會做類似的事情，這個行為就是所謂的「真空活動（vacuum activity）」。

許多動物都有這類行為，但有別於人類，真空活動乃是出自動物的天性。當外界環境有相對應的刺激產生時，動物就會表現出特定的行為，例如籠內的兔子會對著塑膠墊做出挖洞的動作；鳥兒則會在空無一物的地上做出「洗砂浴」的動作等。

家中貓咪直盯著窗外的鳥兒，並不時發出「嘎嘎嘎」的聲音，就是貓咪正在模擬咬斷獵物脖子的動作，只是嘴中並沒有獵物，所以上下兩排牙齒互相撞擊發出聲響。出現這種現象多半是因為家中的貓咪無法滿足捕獵欲望，而發展出假想行為。此時，你可以陪貓咪玩一些互動性高的模擬狩獵遊戲，滿足貓咪的欲望。

飼主陳欣岑 / 貓咪 Hoya / 拍攝徐子涵